U0783831

柚木家具弯曲构件成型技术及产品优化设计研究

姚令华 ◎ 著

华中科技大学出版社
http://press.hust.edu.cn
中国·武汉

内容简介

本书深入探讨了柚木家具弯曲构件的成型技术及产品优化设计,针对柚木难以弯曲的难题,创新性地提出了软化液浸渍－蒸汽协同软化方法,并确定了最优工艺参数。通过系统研究柚木的软化、弯曲技术及形变固定技术,结合化学检测、微观表征及力学分析,构建了相应的理论模型,为柚木弯曲构件的成型技术提供了科学依据。同时,通过柚木"曲木椅"的设计范例,研究了曲木家具的结构强度,并进行了节点优化设计,以实现家具的最优性能。本书的研究成果不仅丰富了实木弯曲成型理论,更为柚木的高附加值利用和家具产品创新设计提供了重要参考。

本书除供家具设计与工程、产品设计、环境设计及木材科学与工程专业学生使用外,可供企业相关研发人员、科研工作者,以及从事家具设计与生产的工程技术人员参考,亦可作为大专院校相关专业的选修教材。

图书在版编目(CIP)数据

柚木家具弯曲构件成型技术及产品优化设计研究 / 姚令华著． －－ 武汉 ： 华中科技大学出版社,
2025．7． －－ ISBN 978-7-5772-1785-7

Ⅰ．TS664

中国国家版本馆 CIP 数据核字第 20257TK555 号

柚木家具弯曲构件成型技术及产品优化设计研究　　　　　　　　　　　　　　　　　　姚令华　著
Youmu Jiaju Wanqu Goujian Chengxing Jishu ji Chanpin Youhua Sheji Yanjiu

策划编辑：彭中军

责任编辑：易文凯

封面设计：抱　子

责任校对：谢　源

责任监印：朱　玢

出版发行：华中科技大学出版社（中国·武汉）　　　电话：(027) 81321913
　　　　　武汉市东湖新技术开发区华工科技园　　　邮编：430223

录　　排：武汉创易图文工作室

印　　刷：武汉市洪林印务有限公司

开　　本：889 mm × 1194 mm　1/16

印　　张：8

字　　数：248 千字

版　　次：2025 年 7 月第 1 版第 1 次印刷

定　　价：79.00 元

本书若有印装质量问题,请向出版社营销中心调换

全国免费服务热线：400-6679-118　竭诚为您服务

版权所有　侵权必究

柚木属于世界公认的珍贵木材,具有纹理美观、气味芳香、材质优良等特性,广泛用于制造高档木制品,但其价格不菲,且天然林资源紧缺。我国于20世纪60年代开始引种人工林柚木,目前种植面积较大,产量可观。柚木为油脂性阔叶硬木材,常规技术难以弯曲,限制了其应用范围及产品开发。

针对这一技术问题,本研究以人工林柚木为研究对象,采用软化液浸渍－蒸汽协同软化方法对柚木软化工艺进行研究,并获得最佳的软化工艺参数。同时,基于实木曲木家具的要求,系统研究了柚木弯曲构件的软化机理、弯曲机理和形变固定原因,解析柚木曲木家具弯曲构件的成型机理。通过深入分析柚木曲木家具的结构强度,对节点设计进行优化,研究了柚木曲木家具的最优结构。这些成果对丰富实木弯曲成型理论、提高柚木的附加值利用等方面具有重要的现实意义。

本研究得到"十三五"国家重点研发计划项目"珍贵树种木材家具制造技术集成与示范研究"(项目编号:2017YFD0601104)的资助,在此特表示诚挚谢意。

期望本书的出版发行,能为曲木家具加工领域的拓展提供思路,并为进一步的生产实践提供重要的理论支撑与实践指导。

限于写作水平与时间,疏漏和不足之处在所难免,恳请读者指正。

著　者

2025 年 3 月

目　录

第1章 绪论

1.1 研究背景

随着社会的进步和经济的发展,人们对家具产品的审美要求越来越高,规整方正的家具造型并不能满足人们日益增长的审美需求。曲木家具作为木质家具的一种独特类型,以其优美的曲线、精湛的工艺和高雅的气质受到众多消费者的青睐,而且主要弯曲构件的走向符合人机工程学的设计理念,可以让用户获得更加舒适和便捷的体验。

目前,弯曲构件的生产方法主要包括实木弯曲、多层胶合弯曲和锯制成型三种[1]。其中实木弯曲是通过一定的软化技术手段将实木弯曲成型的一种方法,采用该方法加工而成的弯曲构件,不仅能够有效地提高木材的使用价值,符合绿色设计的理念,还能够最大程度地利用木材资源,降低木材损耗率,更重要的是弯曲而成的各种造型能够给人们带来美的享受与无限的遐想。与多层胶合弯曲构件和锯制成型构件相比,实木弯曲构件不仅能够保持良好的力学性能,而且能保持木材原有的纹理,更容易进行装饰处理,具有优良的艺术特性[2]。

实木弯曲技术源于欧洲,1830年,德国人Michael Thonet使用蒸汽技术对木材进行软化,成功将山毛榉进行弯曲,制造出世界上第一把曲木椅,从此开创了近代曲木家具制造的先河[3]。随后,他陆续推出了一系列以数字命名的Thonet曲木椅,向世界各地销售和推广,并成为当时欧洲时尚家具的代表品牌。20世纪90年代,我国将蒸汽弯曲技术引入,使实木弯曲从手工制作逐渐转变为半机械化生产,随着实木弯曲技术的显著进步,我国设计并制造出了颠覆传统、更具美感的现代曲木家具,这些家具得到了社会的广泛认可。进入21世纪以后,国内外研究工作者不断在曲木家具设计与制造领域推陈出新,提升了产品的工艺与品质,尤其在弯曲构件的用料方面进行了深入研究与探索,筛选出了一系列品质优良的弯曲木材[4-6]。目前,弯曲性能较好且适用于制造家具的树种主要有山毛榉、榆木、水曲柳、白蜡木、胡桃楸、桦木、柞木等,这些木材相对其他种类而言,强度较大且纹理美观,但树种生长周期较长,制造成本较高,在实木弯曲加工过程中还存在着生产工艺较为复杂、弯曲曲率半径较大、弯曲成品率较低等问题[7-8],在一定程度上限制了曲木家具产品的研发与生产。

柚木(*Tectona grandis* L.f.),又称麻栗、胭脂树、紫柚木等,是一种唇形科柚木属大乔木,高40~50 m,直径0.9~2.5 m,树干通直。国际林业研究组织联盟(IUFRO)研究报告指出,柚木同红木、紫檀木一样,属于世界上最珍贵的热带阔叶树种之一[9]。柚木由于具有生长迅速、纹理美观、气味芳香、易于加工、尺寸稳定性好、抗腐蚀和虫蛀等优异特性,被誉为"万木之王",是世界公认的优良材种,广泛用于制造高级家具、地板、船舶、桥梁、车辆、乐器、室内装饰等。

我国无天然柚木林,20世纪60年代才开始人工林柚木的引种造林。经过半个多世纪的努力与发展,科研人员对柚木采种育苗、遗传改良、人工造林等方面进行了系统研究和推广,目前在云南、海南、广东、广西、福建、四川、贵州、浙江等地均有大面积种植,造林面积近3.5万hm²[10]。随着我国"十三五""十四五"国家重点研发计划以及后续相关柚木科研项目的深入开展,人工林柚木产量将会进一步提高,种植周期缩短,加之科学规划、集约经营,林农、林果、林药等以"以短养长"种植模式的开发,持续推动人工林柚木的产量提高,进一步缓解柚木市场的供需矛盾。因此,系统研究人工林柚木木材的特性,提高其应用范围和附加值,探索柚木家具产品的特性是木材科学与家具工程领域的一个重要研究方向。

本研究基于以上背景,在"十三五"国家重点研发计划项目"珍贵树种木材家具制造技术集成与示范研究"的支持下,以人工林柚木为研究对象,系统研究软化液浸渍与蒸汽协同软化柚木的技术方法,以提高其弯曲性能;深入分析柚木弯曲的成型机理,揭示过热蒸汽对弯曲构件尺寸稳定性的影响,探索柚木弯曲构件应用于家具制造的可能性,最终为解决柚木弯曲造成的成品率低、曲率半径大、资源浪费等难题提供科学理论依据和技术支撑。

1.2 国内外实木弯曲成型机理研究现状

实木弯曲技术历史悠久。我国很早就采用火烤法来弯曲木材,到了明代,已经可以利用实木弯曲技术加工制作造型优美的家具,但由于曲率半径较大,只能采用实木弯曲与拼接相结合的方式来实现曲木制品的加工。19 世纪中期,Thonet 公司在曲木家具生产中发现,当弯曲木料达到一定厚度时,其外侧的拉伸侧会发生弯曲断裂,后来经过技术改进,在弯曲木料的拉伸侧紧贴一条钢带,使弯曲木的中性层外移,从而避免应力集中而产生弯曲断裂,实现较小的弯曲曲率半径[11-12]。之后,研究者在水热软化处理的基础上提出了微波处理、碱处理、氨处理、氨气-蒸汽协同软化等一系列软化方法,以提高木材的弯曲性能[13-18],但这些软化方法仍然存在着弯曲树种受限、曲率半径较小、化学药剂污染环境等问题。

1.2.1 实木软化及机理

木材是一种天然有机高分子聚合物,其细胞壁主要由纤维素、半纤维素和木质素三种化学成分组成。从力学角度看,木材是一种黏弹性材料;从结构角度看,木材又是一种具有网络结构的多孔性材料,正是由于这一特性,木材在一定条件下可实现软化弯曲[19]。软化是实现实木弯曲的基础和前提,在软化条件下,木材的可塑性增强、弹性模量降低,木材由脆性转变为黏性,弯曲能力提高。同时,湿热处理能使木材内部纤维素分子链增大,分子之间结合力减弱,在外力作用下易使纤维素之间发生位移,尤其是在较高温条件下,分子能量增加,纤维素、半纤维素和木质素体积膨胀,使木材易发生形变[20]。另外,对木材进行软化处理,还可降低木材细胞壁组合的玻璃化转变温度,使木材的力学性能发生较大变化,尤其是刚度迅速卜降,进而提高木材的可塑性。因此,软化的目的是使木材在短时间呈现出可塑性,从而实现预期形变,然后再进行定型处理,以恢复到初始强度和刚度,进而实现曲木制品的加工与利用。

目前,国内外针对木材弯曲的软化处理方式主要有以下三种类型。

(1)物理软化方法,主要包括水热软化和微波软化。

水热软化是将水作为增塑剂,通过加热的方法使木材软化,进而提高木材的弯曲性能。在水热软化处理中,水是极性分子,可以作为增塑剂渗入木材的纤维素、半纤维素和木质素的非结晶区,并与纤维素和半纤维素中的羟基产生新的氢键,提高分子之间的距离,增大自由体积,达到内部润胀的效果[21]。同时,在一定温度条件下,水可以使木材的化学成分发生膨胀,增加分子运动的能量,引起半纤维素发生一定的降解,降低木质素和纤维素之间的结合力,使木材的可塑性增强。如果没有增塑剂的作用,仅靠温度的作用,也无法实现木材的软化,只有当温度和增塑剂共同作用时,才能降低木材的玻璃化转变温度,从而提高软化效果。

在早期,一些文献研究主要是通过水煮的方式来探索木材的软化工艺及机理。水煮软化的温度越高,保温时间越长,木材的软化效果就越好,但是超过临界点,继续提高软化温度和时间,木材则会因主要化学成分发生严重降解,造成木材内部结构破坏而影响其弯曲性能。因此,适宜的水煮软化条件,可以提高木材的塑性和弯曲性能,在干燥定型之后又不会大幅度降低木材的力学性能。Iida[22] 通过对阔叶材进行水煮处理后发现弹性模量和抗弯强度大幅降低,弯曲形变能力明显提高,原因是在水煮条件下,木材内部的半纤维素和木质素的玻璃化转变温度发生变化、化学成分中的氢键受到破坏、分子之间的结合力降低、分子能量提高,进而促使细胞壁发生软化。

宋魁彦[23] 采用水煮处理的方式对木材进行软化,发现榆木和水曲柳的水热软化处理时间分别在 120~130 min 和 140~150 min 区间时,能达到较小的弯曲曲率半径,并从化学成分、纤维相对结晶度、红外光谱、微观结构等方面对榆木和水曲柳的软化机理进行了较为系统的研究。同时,他提出水热软化处理虽然可以使木材的纤维素、半纤维素和木质素发生不同程度的降解,降低木材的玻璃化转变温度,提高木材的软化弯曲效果,但水分无法渗入木材的结晶区,故弯曲曲率半径较大。叶翠仙等[24] 通过传统水煮的方式对福建荷木小径材进行软化弯曲,采用水煮温度 80℃、时间 15 min 和初始含水率 25% 的工艺参数,得到弯曲系数为 1/17 的弯曲构件,并建立了荷木软化工艺参数与弯曲质量的二次回归模型。鲁秀杰等[25] 以水煮的方式对榆木进行软化,然后对径向弯曲和弦向弯曲性能进行了比较分析。在水煮软化弯曲工艺中,水煮温度、水煮时间和试件厚度对木材的软化效果影响显著。水煮温度越高、时间越长,榆木的软化效果就越好,但超过一定范围时,木材的化学成分会发生严重降解,进而影响其弯曲效果和力学性能。值得注意的是,水煮软化弯曲虽然工艺简单,但工作效率低,内外软化不均匀,软化后含水率高,在干燥定型时易产生变形、开裂等缺陷[26],所以水煮软化工艺在弯曲构件的生产实践中并没有得到广泛应用。

与水煮软化相比,蒸汽软化具有软化效率高、含水率低等优点,是生产实践中最为常用的方法。木材蒸汽软化是以蒸汽作为增塑剂来增大木材内部的自由体积空间,同时利用蒸汽温度来提高分子运动的能量,最终在蒸汽温度和水的共同作用下使木材得到有效软化。更为重要的是,蒸汽处理还可以疏通木材内部部分孔隙,改善渗透性,提高软化效率[27]。在蒸汽软化过程中,木材外部的蒸汽在一定气压条件下通过导管、细胞腔等渗入细胞壁,当水分达到纤维饱和点时,木材的弯曲性能最佳。蒸汽处理温度对木材软化具有显著影响,当温度较低时,木材化学成分无法达到玻璃化转变温度,纤维素、半纤维素和木质素之间具有较强的联结作用,木材拉伸面就会产生应力集中,导致木材断裂;当温度过高时,纤维素得以充分软化,半纤维素失去"胶结"作用,木质素呈黏流态,木材容易弯曲,但强度会大大降低[28-29]。

Kuljich 等[30] 采用蒸汽软化处理的方法,对七个杨树杂交无性系木材的弯曲性能进行了定性和定量评估。As 等[31] 利用蒸汽处理的方法,对橡木的弯曲曲率半径与力学性能之间的变化规律进行了研究。而 Ishihara 等[32] 针对山毛榉弯曲过程中受拉面断裂的问题,基于蒸汽软化提出了一种评估、预测木材弯曲形状的计算方法。宋宇宏等[33] 以水曲柳为基材,采用蒸汽软化的方法,研究了水曲柳的软化工艺参数,发现当木材含水率在纤维饱和点以下时,弯曲性能与含水率成正比;当含水率超过纤维饱和点时,细胞腔中的水分会对细胞壁产生一定的静压力,木材在弯曲过程中会产生破坏。因此对木材软化处理时,含水率应该在纤维饱和点上下范围内浮动较为合适。刘志佳[34] 以枫木、水曲柳、橡胶木为试验材料,通过饱和蒸汽的方式进行软化,获得了较为理想的软化工艺条件。允帅[35] 以珍贵树种柚木为试验材料,通过饱和蒸汽的方式进行软化,对柚木的软化工艺参数、化学组分变化和材色影响规律进行了研究,但由于柚木属于油脂性的阔叶硬木材,使用常规技术难以弯曲,因此需要在增强柚木的渗透性、揭示软化弯曲机理、提高弯曲形变能力等方面开展深入研究。

微波软化是木材物理软化处理的另外一种方法,是 20 世纪 80 年代开始研究并逐渐发展起来的一种新型技术。微波软化木材虽然与水热软化机理相同,但加热方式及原理不同。在微波电磁场的作用下,木材中的极性分子(如水、官能团等)从随机分布状态转换为沿电场方向进行取向运动,并以每秒数十亿次的频率不断变化,引起分子的剧烈运动与摩擦,从而产生热量,使木材内部温度升高,最终达到木材软化的效果[36-37]。与传统的水热软化相比,微波软化具有加热速度快、节能高效、操作便捷等优势,不容易引起含水率梯度变化,有利于提高木材软化弯曲的质量。

近半个世纪以来,国内外学者对木材的微波软化工艺进行了比较系统的研究。微波软化虽然不能达到纤维素的玻璃化转变温度,但可以达到半纤维素和木质素的玻璃化转变温度,从而降低木材的弹性模量,便于木材弯曲[38-39]。Studhalter 等[40] 探讨了桉木弯曲的微波软化工艺及机理,特别是在微波加热软化木材内部温度和水分的传递方面进行了深入研究,发现微波能在较短时间内将木材内部加热至高温,大大提高桉木的软化效果。Gašparík 等[41] 通过微波加热的方式对山毛榉进行软化试验,发现木材的含水率和微波处理时间对山毛榉的弯曲性能有显著影响,尤其是提高初始含水率会增加木材的塑性形变能力。Peres 等[42] 以苦楝木为试验材料,研究了苦楝木微波软化后的物理力学性能,发现苦楝木经微波软化后抗弯强度、弹性模量和脆性明显降低,塑性显著改善。李军[43] 采用微波软化的方式对水曲柳进行软化弯曲,当木材初始含水率为 60%,微波功率为 400 W,处理时间为 2.5 min 时,15 mm 厚的木材弯曲性能指标(h/r, h 为厚度, r 为半径)可达到 1/3.3,同时在干燥定型后还能保持材料原有的力学强度。王云龙等[44] 采用水热 – 微波联合软化的方式对白木香、人工林柚木、天然林柚木、西南桦、柠檬桉进行软化弯曲,构建了木材弯曲挠度与水热处理温度、水热处理时间、微波功率和微波时间的工艺软化模型。

(2)化学软化方法,主要包括氨类软化和碱类软化。

木材化学软化机理与物理软化机理不同,它是将化学药剂渗入木材内部,使其与木材主要成分发生化学反应,并使内部的结晶区和非结晶区发生润胀,增强软化效果和塑性形变能力[45]。化学药剂对木材内部结构有着更为全面的反应与渗透,影响着半纤维素、木质素非结晶区以及纤维素结晶区的深度变化,所以,化学药剂会进一步提高木材软化效果[46-48]。目前,木材软化常用的化学药剂有氨水、液态氨、气态氨、尿素、胺类、氢氧化钠溶液、氢氧化钾溶液等。1955 年,Stamm[49] 首次提出通过氨对木材进行软化和润胀,随后国内外学者相继开展了较为深入的研究。与水热软化处理相比,氨比水更容易渗透到木材中,润胀效果优良,这主要是由于氨的成氢键能力大于水,并可以进入木材纤维素结晶区,从而提高纤维素分子链在外力作用下的变形能力[50],因此,氨是木材纤维素有效的润胀剂。不同形态的氨可以对木材进行软化,液态氨可以使纤维素的晶格扩大,便于纤维素分子链之间的移动,且试件处理后稳定性强,不易回弹,但容易引发木材细胞塌陷和材色劣化等问题[51]。气态氨不仅可以增强木材的软化塑性能力,还可以提高木材耐腐蚀性能[52-53]。氨水溶液浸渍(包括常温和加热氨水处理)可结合压缩工艺来提高木材的硬度、抗压强度和弯曲强度。另外,氨易与结晶区的羟基形成新的氢键,压缩回弹率较低,这在氨塑化压缩木方面有着广泛的研究基础和应用前景[54-55]。

人们也采用氢氧化钠、氢氧化钾等碱性溶液来软化木材以提高其弯曲性能。碱性溶液中的羟基能使木材纤维素首先发生润胀,然后溶解,可提高木材在拉伸或压缩时的形变能力。Xu 等[56] 用氢氧化钠溶液处理马尾松,发现使用不同浓度的碱溶液处理木材时,随着浓度的增加,细胞壁的微观力学性能呈现先增加再降低的特性,这主要是因为碱处理会影响木材的化学结构。Ishikura 等[57] 采用不同浓度的氢氧化钠对云杉进行软化改性,发现当溶液浓度大于 10% 时,云杉的软化弯曲性能会得到明显改善。陈思禹等[58] 采用氢氧化钠处理工艺对樟子松和白梧桐进行单因素试验,发现碱处理可以提高纤维素结晶度,长时间碱煮处理,由于木材半纤维素的溶出等因素,会增加木材松弛率。因此,碱处理可以改善木材的软化处理效果,但会导致木材塌陷、变色以及环境污染等问题。

(3)化学 – 物理协同软化方法,它是将两种或两种以上的软化方法进行优化组合,以提高木材软化弯曲性能和弯曲质量,弥补单一软化方法存在的软化不足、软化塌陷、高消耗等问题。

Wu 等[59] 运用制备的"离子液体"共晶溶剂与微波软化相结合,将杨木中的部分木质素、半纤维素和纤维素脱除,使细胞腔变大,细胞壁更薄,在微观上形成柔性的网络结构,提升了杨木的软化性能,并通过显微图像、化学成分、纤维素结晶度、红外光谱等技术进行了表征,阐明了相应的反应机理。姚文亮[8]以梓木为基材,通过尿素浸泡与微波加热协同软化的方式,研究微波处理时间、功率和梓木含水率等软化工艺参数对弯曲性能的影响,运用响应面法优化出较为理想的工艺参数,并与对照材进行比较,发现使用理想工艺参数处理后的梓木的弯曲性能得到明显改善,同时干燥定型后的尺寸稳定性也明显提高。耿一豪[60]采用铵盐与蒸汽协同处理的方式对木材进行软化,研究软化处理温度、时间和软化液浓度等工艺参数对木材软化的影响,获得了山毛榉和水曲柳的较小弯曲曲率半径,并提高了试件的弯曲成品率。沈华杰等[61]通过响应面法研究了氨复配碱液与蒸汽协同处理柚木软化工艺,阐述了碱液浓度、水热温度和处理时间对柚木软化性能的影响,结果表明氨复配碱液有利于柚木的软化弯曲,且干燥定型后的试件破坏载荷、抗弯强度和弹性模量等力学性能均得到了一定提高。诸多研究表明,化学－物理协同软化方法可以使化学溶液在高温高湿条件下进入木材的结晶区和非结晶区,润胀纤维素、半纤维素和木质素,为分子运动提供足够空间,同时降低木质素和半纤维素的玻璃化转变温度,大大提高木材的软化弯曲效果[62]。

1.2.2　实木弯曲及机理

实木弯曲是木材在动态温度和含水率条件下受外力作用而发生的"永久性形变"。"永久性形变"是有条件的,如果增加温度并降低含水率,就会使木材内熵降低而形成稳定的弯曲构件;如果提高含水率和温度,木材则会回弹至原来的形状[63]。木材能够实现弯曲主要是利用了高分子聚合物分子链之间氢键在一定环境条件下具有断开与再组合的特性。氢键在高湿热条件下可临时断开,使纤维素分子链在外力作用下发生位移,实现木材较大的弯曲形变[64-65]。

实木弯曲时会在凸面外侧产生拉伸应力,在凹面内侧产生压缩应力,而中间层纤维则不受拉伸应力和压缩应力的影响。国内外学者一般用 h/r 表示实木弯曲性能,其值越大,实木的弯曲性能越好[66]。实木弯曲性能与木材在外力作用下发生的形变能力直接相关,如果超过了木材的容许形变能力就会造成弯曲破损,因此,研究木材顺纹拉伸和压缩时的应力与形变变化规律尤为重要。

实木弯曲时,试件外侧凸面承担最大的顺纹拉伸应力和形变。纤维素决定着木材的抗拉强度,纤维素分子链的排列方式决定着木材容许形变的大小。曹上秋[67]提出木材经软化处理后,顺纹拉伸形变提高至1%~2%,而顺纹压缩形变可达到25%左右,因此,木材弯曲时首先在外侧发生断裂。Takahashi等[68]对日本雪松进行拉伸试验,分析了拉伸应力－应变曲线和表面形貌特征,评估了木材顺纹拉伸力学性能与断裂过程之间的关系,同时还发现了木材在拉伸过程中存在拉伸断裂和剪切断裂两种模式,并用扫描电子显微镜分析了断面结构,进一步探讨了其断裂机制。Wang等[69]对木材进行拉伸试验,研究不同角度微纤丝角的细胞壁在纵向拉伸载荷下的变形机制,并采用原子力显微镜观测了在拉伸应力作用下细胞壁的初始断裂形貌,探索了细胞壁大分子变形对木材宏观变形和破坏的影响关系。Kojima等[70]对未处理材和热改性材进行拉伸载荷试验,发现未处理材细胞壁纤维素微纤维的载荷－形变关系呈线性变化,而热改性材则呈非线性变化,这与纤维素分子链微纤丝的排列有关。木材经过软化处理后,纤维素分子链上的亲水基团吸收水分,纤维素彼此之间的距离变大,分子之间原有的范德华力和氢键作用变弱,在顺纹拉伸压力和横向压缩作用下,微观上表现为微纤丝产生滑移和错位,宏观上则提高了拉伸容许形变。

实木弯曲时,试件内侧的凹面承担着最大的顺纹压缩应力和应变。木材在软化处理过程中,半纤维素最容易降解,木质素呈黏流状态,纤维素之间连接变弱,木材的顺纹抗压强度也就相应降低。Báder等[71]采用水热软化方式纵向压缩橡木,通过微观力学和超微结构的表征手段分析处理前后细胞壁的变化,发现木材压缩后 S_1 和 S_2 层的部分微纤维取向发生波状褶皱,弯曲性能显著提升。之后,他又对山毛榉进行纵向压缩和弯曲试验,发现含水率对弯曲强度、弹性模量和弯曲系数存在显著影响,尤其是木材处于纤维饱和点时,山毛榉可以获得理想的弯曲性能[72]。通过红外光谱可以发现,在软化处理过程中,木材聚合物基质中结构元素之间的联系发生变化,这些化学变化有利于木材压缩,形成褶皱,从而提高弯曲性能[73]。木材的压缩形变大于拉伸形变,其压缩形变程度主要受木质素和半纤维素的影响。木材在软化压缩过程中,微纤丝与木质素、半纤维素等基质一起移动,产生了压缩形变,这是高湿温作用下纤维素分子链之间的作用力减小所致。如果使用化学软化液,会改变纤维素结晶区的范围,从而进一步提升木材的压缩形变程度。

1.2.3　实木湿热形变固定及机理

木材主要化学成分所具有的吸湿、解吸以及热软化特性[74],可以将直线形木材弯曲成优美的曲线造型,但弯曲成型构件往往具有不稳定性,在一定的温度或湿度条件下会发生弹性回复现象。因此,如何防止弯曲构件弹性回复,解决塑性永久固定问题是木材塑形改性领域面临的重要技术难题之一。Schwarzkopf[75]采用酚醛树脂对杨树、云杉和山毛榉进行浸渍,然后对其进行湿 - 热 - 力致密化处理,发现浸渍可以显著降低压缩材的形变回复率,提高了尺寸稳定性。Lykidis 等[76]研究湿热压缩致密杨木的形变回复性能,试验表明通过三聚氰胺树脂的浸渍改性可以减少压缩致密材的形变回复率,比未处理材的稳定性高50%,这主要是因为三聚氰胺树脂与木材细胞壁自由基之间形成了新的结合键,使致密材形变固定。Pfriem 等[77]通过糠醇和马来酸酐配制溶液浸渍山毛榉,然后制成力学强度较高的压密材,尺寸稳定性高,其原理是糠醇溶液原位聚合成呋喃树脂,明显降低了回弹效应。以上诸多化学浸渍方法虽然能实现木材的形变固定,机理作用明晰,但存在着化学药剂污染环境的问题。而通过湿热处理来释放塑性木材内部应力的形变固定方法,则具有绿色环保、回复率低和加工高效等优点,具有良好的应用前景。例如 Tenorio 等[78]采用糠醇树脂浸渍和蒸汽处理两种方式对压缩材进行处理后比较,发现蒸汽处理木材具有更低的形变回复率。

目前,实木塑性湿热形变固定方法主要包括热处理、饱和蒸汽和过热蒸汽三种,下面主要是从残余应力释放、化学成分变化、微观构造变化和分子之间结合等方面分析木材形变的固定机理。

(1)热处理形变固定:热处理是木材最早的塑性形变固定技术,能显著改善木材的形状稳定性,其作用机理是通过温度来释放木材内部的残余应力[79]。木材在热处理过程中,内部的水分被排出,木材化学成分中的亲水基团减少,降低了吸湿性能。同时,热处理后木材微纤丝与基质物质之间形成了比较稳定的结构,拉伸应力或压缩应力得到合理释放,降低了形变回复力,使木材形变得到有效固定[80]。

Norimoto 等[81]采用热处理方法对水曲柳弯曲构件进行形变固定研究,结果表明试件在温度160℃、保温30 h,或温度180℃、保温12 h 的条件下均可实现完全形变固定。在形变固定工艺的基础上,提出了弯曲构件形变固定的三种关键机制,即微纤维与基质成分分子之间形成稳定的结构、储存在微纤维和基质中的应力得到松弛、细胞壁中亲水基团形成憎水聚合物。换言之,热处理形变固定主要是由于木材内部微纤维和基质中应力得到释放以及木材吸湿性能的下降。Laine 等[82]在高温高湿条件下用樟子松制备压密材,并通过热处理方式进行形变固定,发现热处理能显著降低木材的回复率,而没有经过热处理试材浸水的回复严重。压密材在温度200℃、保温6 h 的工艺条件下,形变回复性能基本消除,通过扫描电子显微镜观察发现压缩细胞壁即使在水中浸泡后还能保持原初形变。Xiao 等[83]也证实木材中半纤维素的降解有利于木材形变固定的稳定性。

总而言之,木材在热处理过程中,半纤维素和木质素的降解使纤维素大分子结构重新组合,木材内部的弯曲应力得到释放,便于形变固定。另外,化学组分的变化会使木材的脆性提高,韧性降低。

(2)饱和蒸汽形变固定:饱和蒸汽形变固定是在一定温度和蒸汽条件下实现木材的高温定型处理。与热处理相比,蒸汽活性大,渗透力强,具有良好的膨胀性和载热性,可显著提高木材的热处理效率,工业化应用范围广泛。Inoue 等[84]采用饱和蒸汽的方式后期处理压密材,在蒸汽温度200℃、时间 1 min 和蒸汽温度180℃、时间 8 min 的工艺条件下即可完成形变固定,且形变回复率低,原因是蒸汽处理使木质素、半纤维素等基质发生软化以及微纤维重新组合,形成了较为稳定的微观结构。Ito 等[85] 通过饱和蒸汽对日本雪松进行形变固定,发现在蒸汽温度 200℃ 的条件下可实现快速形变固定,这归因于在高温下纤维素的形态变化、基质聚合物的解聚和纤维素结晶度的增加。Chen 等[86] 也提出了饱和蒸汽处理能够使压缩木实现形变固定主要与纤维素的再结晶和非结晶区的重组有关,同时也与蒸汽条件下半纤维素降低和纤维分子链之间的断裂有关,并认为通过高温饱和蒸汽固定的压密材,即使重新吸水后形状仍然不可回复。

Higashihara 等[87] 研究饱和蒸汽处理木材化学成分变化与形变固定之间关系时发现,木材在蒸汽温度 180℃、时间 60 min 时,纤维素中碱性抽提物明显降低,残余应力、屈服应力和抗弯强度等均有所降低,其中形变回复率降低与半纤维素的降解趋势大致相同。另外,木材在蒸汽处理 720 min 后,形变回复率降低与纤维素、半纤维素的降解趋势一致,推测是蒸汽处理使纤维素和半纤维素的降解释放了木材内部残余应力,因此形变回复能力降低,实现了塑性形变的永久固定。总之,木材在饱和蒸汽温度和蒸汽的双重作用下,形变固定效果得到改善,且处理时间显著缩短。

(3)过热蒸汽形变固定:过热蒸汽形变固定是利用过热蒸汽对木材进行热处理的一种新型干燥定型技术,可分为常压过热蒸汽和压力过热蒸汽两种。过热蒸汽具有放热系数大、传热效率高、能耗低等优点,但在干燥生产实例方面应用较少,目前还处于生产试验阶段[88-89]。

近几年来,国内外学者对过热蒸汽形变固定的研究主要集中在压密材形变固定方面。Xiang 等[90] 利用过热蒸汽对杨木夹层压密材进行形变固定,研究了过热蒸汽压力对形变固定的影响,通过木材的微观形貌、化学结构和结晶度等方面的变化,阐明了过热蒸汽易使木材形变固定的原因和机理。研究结果表明,过高的蒸汽压力会使木材形变回复率降低,有利于提高尺寸稳定性。同时也发现形变回复率的降低与细胞壁中的微裂纹、半纤维素的降解、木质素中与芳香骨架相连的 C=O 的降低,以及结晶度的变化等方面有着直接关系。最近,Xiang 等[29] 直接利用过热蒸汽的方式制备夹层压缩木,发现木材的尺寸稳定性、硬度、抗弯强度和弹性模量显著提高。Gao 等[91] 采用 180℃ 的过热蒸汽,在 0.3 MPa 压力的条件下处理表面压缩木,其平衡含水率、吸湿性、吸水性和润湿性分别下降了 20.39%、30.63%、40.51% 和 86.95%,并根据木材的化学结构、晶体结构和微观结构分析,推理出加压过热蒸汽提高尺寸稳定性的作用机理(见图 1-1)。

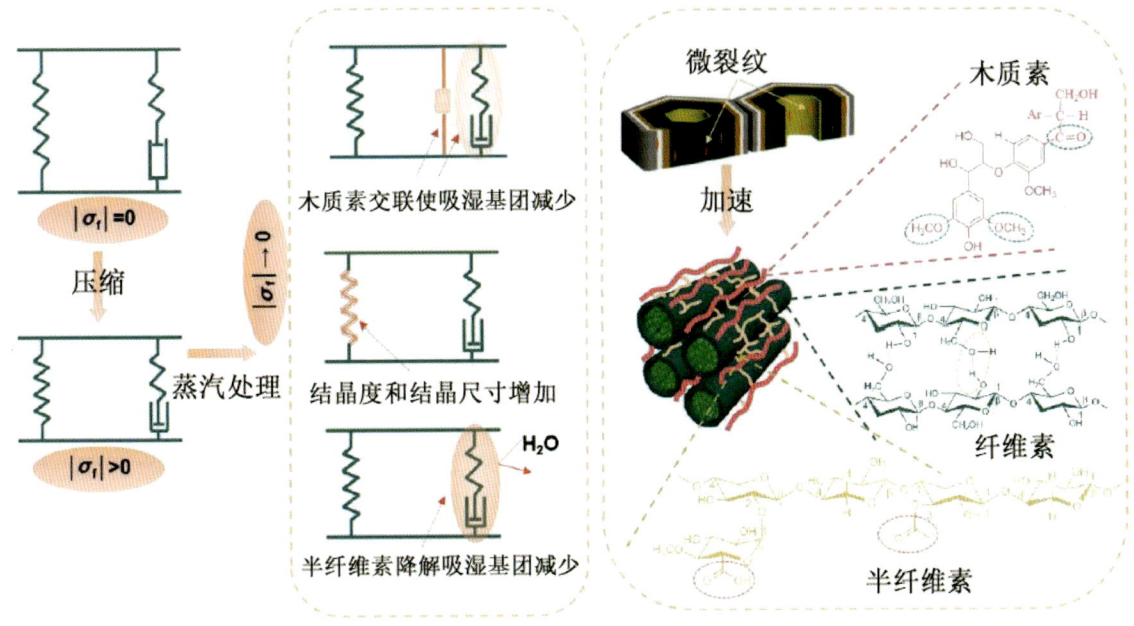

图 1-1　过热蒸汽处理对压缩木尺寸稳定性的影响机理示意图

目前,针对木材塑性形变(弯曲、压缩等)后进行"永久"固定的热处理和饱和蒸汽处理技术日渐成熟,但对于过热蒸汽对塑性形变的固定效果和作用机理还需要进一步深入研究和探索。因此,采用过热蒸汽处理柚木,使其弯曲定型,并探讨弯曲形变固定的原因,可为湿热形变固定技术提供理论参考。

1.3 实木家具节点研究现状

曲木家具设计包括功能设计、造型设计和结构设计三个方面的内容,三者相互依存,又相互独立。其中,结构设计的研究内容是家具在使用时所能安全承受的载荷情况,不仅影响家具的造型艺术,而且影响家具的使用、生产和装配。家具结构节点是家具构件之间的接合方式,是家具结构设计的重要内容,也是家具在结构力学方面最为薄弱的部位。因此,家具结构的节点强度直接影响着家具的整体结构强度[92]。根据不同的接合方式,家具结构节点主要有榫卯接合、五金件接合、胶接合、木螺钉接合等连接方式。

1.3.1 国外研究现状

相关文献资料显示,国外对于家具结构及节点强度方面的研究较早。在20世纪60年代,美国普渡大学教授 Eckelman 发表系列论文对各种类型的家具结构进行了研究。之后,他在前期研究基础上编写了《家具结构设计》一书,系统总结了国外家具结构的研究内容,对家具结构类型、力学强度、榫卯接合结构、连接件结构等方面进行了论述。

Smardzewski[93] 利用有限元算法对椅子侧框架刚度和节点强度进行了计算与分析,结果指出椅子中使用圆棒榫与直角榫的结构强度相当,连接件可以相互代替,而横档的高度对侧框架的结构强度影响较大。之后,他还根据家具榫卯节点的力学关系建立了数学模型,提出构件接合强度主要取决于配合精度、木材种类和胶黏剂类型[94-95]。

Tannert 等[96] 研究了自攻螺钉在剪切载荷作用下提高燕尾榫接合强度的方法,结果表明自攻螺钉可以显著改善木材连接处的承载力和刚度。Dalvand 等[97] 研究了燕尾榫的类型和数量对家具框架中 L 形构件抗拉和抗压性能的影响,结果表明,蝶形燕尾榫力学性能优于 II 形燕尾榫,双榫优于单榫,斜接优于对接,蝶形燕尾榫整体节点强度与木钉榫相当。Derikvand 等[98] 研究了直角榫榫头尺寸对家具节点应力应变分布的影响,分析了榫长和榫厚对胶黏剂构建的 T 形构件弯矩力的影响,同时使用 ANSYS 软件计算了构件的应力应变分布,结果表明在弯曲载荷条件下,榫头中部的应力值最大,而榫头与榫眼之间胶层处的应变值最大。Tannert 等[99] 研究了燕尾榫在静态剪切载荷作用下的结构性能,提出了增强燕尾榫节点刚度的有效方法,主要包括提高过盈配合度、五金件加固、胶黏剂加固等方法。Kamboj 等[100] 以云杉和山毛榉为试验材料,采用聚氨酯(PUR)和聚醋酸乙烯酯(PVAc)胶黏剂胶黏燕尾榫接头,研究节点力学强度,结果表明山毛榉与聚醋酸乙烯酯胶黏剂形成的节点具有较大的弹性模量,同时利用 Abaqus 软件建立了有限元数值模型。

另外,木材旋转焊接技术是欧洲发展起来的一种新型实木接合技术,具有瞬间接合、生产效率高、经济环保等优势。Segovia 等[101] 通过对焊接圆榫、胶合圆榫和钢钉连接家具接头进行力学性能比较,发现使用木材圆榫旋转焊接技术的接头具有较好的抗剪强度和刚度,可以在家具构件装配中应用。Belleville 等[102] 研究了北美糖枫和黄桦两种硬木使用木材圆榫焊接机的工艺优化参数,分析了树种、焊接转速和插入速度对节点力学性能的影响。Shukla 等[103] 则对焊接转速、焊接压力和摩擦时间等参数进行优化,以实现坚固焊接节点的最佳工艺条件。

1.3.2　国内研究现状

在国内,关于家具结构设计(包括节点强度)方面的书籍主要有柳万千等编著的《家具力学》[104],卡尔·艾克曼著的《家具结构设计》[105],孙德林主编的《家具结构设计》等[106],内容涉及榫卯接合连接结构、五金件连接结构、胶接合连接结构、焊接连接结构等,结构分析方法主要是将连接结构置于不同的家具产品类型,然后分析家具连接结构所需承受的力学载荷,最后对连接结构的形状尺寸进行求解分析。

柯清等[107]采用田口法和有限元分析技术研究松木家具在载荷条件下 L 形构件的节点强度,通过对连接结构类型、榫长度、直径和配合间距四个因素进行试验分析与优化,得出松木 L 形构件榫卯接合的最佳组合为 45° 斜角对接,榫长为 24 mm、直径为 6 mm、榫间距为 20 mm,并通过方差分析得出榫长度和两榫间距是影响 L 形构件接合强度的显著因素。陈于书等[108]以改性杨木为试验材料,通过 ANSYS 软件以节点内部最小应力为目标函数对 T 形榫卯结构进行优化设计,然后进行试验验证,结果显示经优化设计后,T 形榫卯结构的强度和刚度均有所提高。

王笑辉等[109]以胶合弯曲构件与实木构件圆榫卯接合为研究内容,定量、定性分析了过盈配合量对试件抗拉强度的作用,结果表明抗拉破坏部位为榫头与榫眼之间的胶层,破坏特点为脆性破坏,最佳过盈配合量为 0.4~0.5 mm。

近几年来,国内外学者主要针对实木家具榫卯接合结构节点强度进行了比较系统的研究。胡文刚[110-118]等针对榫卯接合节点构件的力学特性进行了系统研究,在节点构件的摩擦系数、胶合特性、有限元节点强度、榫卯接合家具结构优化设计等方面取得了系统研究成果。这些内容从结构节点层面上分析了榫卯结构半刚性的力学特性及分析方法,建立了数值分析模型,提出了基于榫卯结构力学特性的家具结构设计优化方法。郝景新等[119]以速生杨木为试材,对圆榫节点的性能、建模与优化进行了研究,推理出节点应力中性层位置的计算公式,同时建立了用于预测圆榫拔出和圆榫断裂时失效模式的数学模型,并对连接构件参数进行了优化,这为圆榫节点优化以及家具结构设计提供科学依据。陈炳睿等[120]以山毛榉和异叶铁杉为试验材料,提出了一种使榫卯结构最佳过盈配合的方法,为了验证其有效性,通过抗压和抗拔试验分析了榫卯结构最佳过盈配合的安装力和拔出力。

另外,实木家具为更好地适应现代化生产、包装、运输和组装的需要,其拆装式结构的研究越来越受到关注。金秀等[121]从节点结构接合方式和整体结构拆装方式两个方面分析了实木家具实现拆装化的路径,并针对可拆装五金件与可拆装榫自锁两种节点接合方式的特征进行了阐述,为实木家具结构拆装化和包装扁平化提供理论指导。李爽等[122]阐述了可拆装椅类家具的特点,从结构设计、造型设计和包装设计三个方面分析了可拆装椅类家具的设计原则,提出一种燕尾榫与五金件为结构节点的可拆装式板凳设计,提高了家具产品的力学强度。陈炳睿等[123]也基于实木家具榫卯接合的可拆装性,以水青冈为试验材料,提出一种椭圆榫与五金件相结合的节点连接方式,并对节点的抗弯和抗拔力学性能进行了分析,结果表明节点的抗拔承载力提高了 230%,但破坏弯矩和刚性系数分别下降了 48.6% 和 45.6%。

综上所述,国内外在实木家具结构节点方面的研究有了一定基础,主要集中在 T 形和 L 形构件的节点设计、节点增强、有限元模拟仿真以及家具整体强度等方面。在以往的节点强度研究中,绝大多数的研究内容为实木与实木、人造板与人造板之间的配合关系,而针对实木弯曲构件与其他构件之间接合强度的研究比较少。与 T 形和 L 形构件相比,实木弯曲构件与实木构件形成的节点结构比较特殊,其力学行为和强度情况也更为复杂。因此,本研究在实木弯曲构件成型研究的基础上,从探索弯曲构件组装方法、节点优化设计以及提高曲木家具产品质量等方面进行深入研究,具有重要的理论及实践价值。

1.4 研究目的和意义

本研究以人工林柚木为研究对象,将三乙醇胺(TEA, $C_6H_{15}NO_3$)、十二烷基苯磺酸钠(SDBS, $C_{18}H_{29}NaO_3S$)、氯化钠(NaCl)配制成软化液,通过饱和蒸汽协同处理的方法软化木材,以提高其弯曲性能。该软化弯曲工艺可用于曲木家具等曲木产品的制造与加工,如图 1-2 所示。

图 1-2　柚木软化弯曲及应用示意图

1.4.1 研究目的

(1)通过研究软化液浸渍－蒸汽协同软化工艺条件,分析软化液浸渍对提高柚木弯曲性能的影响。在此基础上,通过响应面法优化工艺,以获得柚木软化弯曲的最佳工艺参数。

(2)研究柚木软化弯曲前后的化学成分变化、化学基团及元素组成、官能团结合、纤维素结晶度变化、微观形貌特征等方面与弯曲性能之间的关系,揭示软化液浸渍对弯曲性能的影响规律,阐明其成型机理,为柚木弯曲技术提供理论依据。

(3)将弯曲构件应用于曲木家具产品中,研究柚木曲木家具的结构强度,并对其节点进行结构优化设计,为拓宽人工林柚木的应用范围、探索新家具产品研发等方面提供科学的理论指导。

1.4.2 研究意义

实木弯曲成型技术涉及木材物理学、木材化学、木材干燥学、流变学等学科,具有较强的理论性和应用性,是木材科学与家具工程领域的研究难点之一。目前国内外对实木弯曲技术的研究主要集中在加工工艺方面，但对弯曲成型机理的深层次揭示还相对不足。特别是对木材软化前后化学成分变化规律的认识不够清晰，导致实木弯曲在产业化过程中存在曲率半径较大、成品率较低、弯曲质量不高等问题。近年来，我国广大地区引种的珍贵树种人工林柚木长势较好，产量可观，材性优良，但柚木油脂性较高，组织结构较为紧密，如何根据其材性开发其应用范围，提高人工林柚木的附加值以及拓展曲木家具的用材范围具有重要的理论意义和实践意义。

（1）理论意义：针对柚木弯曲构件的软化工艺参数对弯曲性能的影响进行研究，获得最佳工艺参数组合，为生产实践提供理论参考；探索柚木弯曲构件的成型机理，尤其在木材软化机理、弯曲机理、过热蒸汽定型技术等方面，采用现代检测与表征手段，对弯曲构件的化学成分变化、官能团变化、化学键结合、微观形貌特征、动态黏弹性变化等方面进行研究，可以丰富实木弯曲成型技术理论，为珍贵树种弯曲机制的研究与开发提供理论基础。

（2）实践意义：通过对人工林柚木软化弯曲工艺和机理的研究，可以丰富珍贵树种家具产品的造型、结构和生产现状，使造型更加优美，实现大规模生产条件下弯曲构件的专业化生产和个性化生产。同时，也可以最大限度地发挥人工林柚木资源，提高木制品的附加值，从而满足市场产品的多样化需求。

1.5　研究内容、技术路线与创新点

1.5.1　研究内容

本研究以我国人工林柚木（后简称"柚木"）为研究对象，采用以三乙醇胺为主的复配溶液为软化液，通过负压－正压交替的方式进行真空浸渍，然后再通过饱和蒸汽协同软化木材，以提高弯曲性能。在制备弯曲构件的基础上，研究设计一款曲木椅，对其固装式结构和拆装式结构进行节点优化设计，分析家具弯曲构件的结构强度，为探索柚木曲木家具产品研发提供技术支撑。具体研究内容如下。

（1）柚木弯曲构件的软化工艺及性能研究。

采用碱性较弱、增塑能力较强的三乙醇胺作为软化液，以安全环保的氯化钠、十二烷基苯磺酸钠分别作为渗透剂和表面活性剂，采用浸渍法对木材进行软化液浸渍并以饱和蒸汽对木材进行协同软化，分析处理温度、处理时间和软化液浓度等因素对柚木软化弯曲性能的影响，并在单因素的基础上，利用三因素三水平响应面法对弯曲构件的软化工艺进行优化。同时，围绕家具用材的性能要求，对处理前后柚木的物理性能、宏观力学性能、微观力学性能和胶合性能进行检测与分析，并研究其性能变化的原因。

（2）柚木弯曲构件的软化机理研究。

根据国家标准，对软化处理前后柚木化学成分进行检测，明确化学成分变化的原因；采用傅里叶变换红外光谱仪（FTIR）、核磁共振波谱仪（^{13}C NMR）、X 射线光电子能谱仪（XPS）和 X 射线衍射仪（XRD）对软化处理前后的柚木官能团、化学位移、化学价态和纤维素结晶度进行表征，阐明软化液与木材细胞壁化学成分之间发生的反应。同时，根据柚木的软化过程，采用多物理场仿真软件 COMSOL Multiphysics 构建软化液浸渍模型和热量传递模型，以分析软化液在柚木木材内部的浸渍特点和热量传递变化规律。

（3）柚木弯曲构件的弯曲机理研究。

基于前期柚木软化工艺和机理的研究，采用定制曲木机对柚木进行径向弯曲和弦向弯曲，获得软化处理前后的最小弯曲曲率半径，探索柚木在软化条件下的弯曲曲率半径变化规律；对比分析柚木在弯曲前后横截面、拉伸面和压缩面的形貌特征，比较其导管、细胞壁的形态变化，以及细胞壁 S_1 和 S_2 层的脱黏状态，从微观和超微观层面揭示柚木的弯曲行为。同时，基于柚木软化弯曲载荷 – 形变之间的关系，对应力 – 应变关系进行理论推导，构建柚木弯曲的双折线本构模型，并进行本构关系拟合分析。

（4）柚木弯曲构件的定型技术研究。

采用过热蒸汽的方法对弯曲构件进行干燥定型，研究过热蒸汽温度、干燥速率和初含水率对弯曲构件干燥定型质量的影响。在保证干燥定型质量的基础上，通过多周期的 24 h 浸水试验研究柚木在过热蒸汽处理前后的弦长变化规律，揭示过热蒸汽干燥定型对弯曲构件形变回复的影响，从而获得弯曲构件较为理想的干燥定型工艺参数。同时，采用动态热机械分析仪测试弯曲构件的黏弹性变化，从力学角度揭示过热蒸汽干燥定型易于柚木弯曲构件形变固定的内在原因。

（5）柚木曲木家具的节点优化设计研究。

针对弯曲构件在家具上的主要应用部位进行梳理，分析弯曲构件在各个部位上的造型特点与应用方式，探索弯曲构件在家具产品上的应用规律。以柚木"曲木椅"为设计范例，利用建模软件 Solidworks 和有限元分析软件 ANSYS 对曲木椅的结构力学强度进行分析，寻找曲木椅力学上最为薄弱的节点位置；在此基础上，对固装式结构和拆装式结构曲木椅进行节点优化，从而获得较为理想的节点配合关系。

1.5.2　技术路线

图 1-3 为总体技术路线图。首先研究软化液浸渍 – 蒸汽协同软化柚木的工艺参数和性能，并对柚木弯曲构件的软化机理和传热传质规律进行表征与分析。然后阐明柚木弯曲构件的弯曲机理，进而揭示其形变固定的原因。最后将柚木弯曲构件应用到曲木家具中，基于家具的固装式结构和拆装式结构进行结构强度和节点优化设计，探索柚木曲木家具产品的研发。

1.5.3　创新点

针对目前珍贵树种实木弯曲工艺和成型机理存在的一些不足，采用化学 – 物理协同软化的方法，对柚木进行软化处理，以实现高质量的弯曲构件加工。然后，将柚木弯曲构件应用到曲木家具中，分析不同的弯曲曲度对家具结构强度的影响，进而对柚木曲木家具的节点结构进行研究。主要创新点如下。

（1）提出了一种化学真空浸渍 – 蒸汽协同软化的方法，提高柚木的弯曲性能。采用真空负压 – 正压循环浸渍的方式，使软化液充分渗入木材内部，然后软化液在蒸汽条件下与木材化学成分发生反应，渗入木材的非结晶区，并使纤维素的结晶区发生润胀，从而达到增强软化与提升弯曲性能的效果，为硬木弯曲构件的制造技术提供了一种有效方法。

（2）揭示了柚木弯曲构件的成型机理。采用现代检测与表征手段，分析了柚木弯曲的软化机理和弯曲机理，根据弯曲力学变化曲线，对应力 – 应变关系进行了理论推导，构建了柚木软化弯曲的双折线本构模型。

（3）探索了柚木弯曲构件的节点强度及优化措施。将柚木弯曲构件应用到家具产品中，研究不同的弯曲曲度对节点强度的影响，并对曲木家具的固装式结构和拆装式结构进行了节点优化设计，为柚木家具产品研发提供技术支撑。

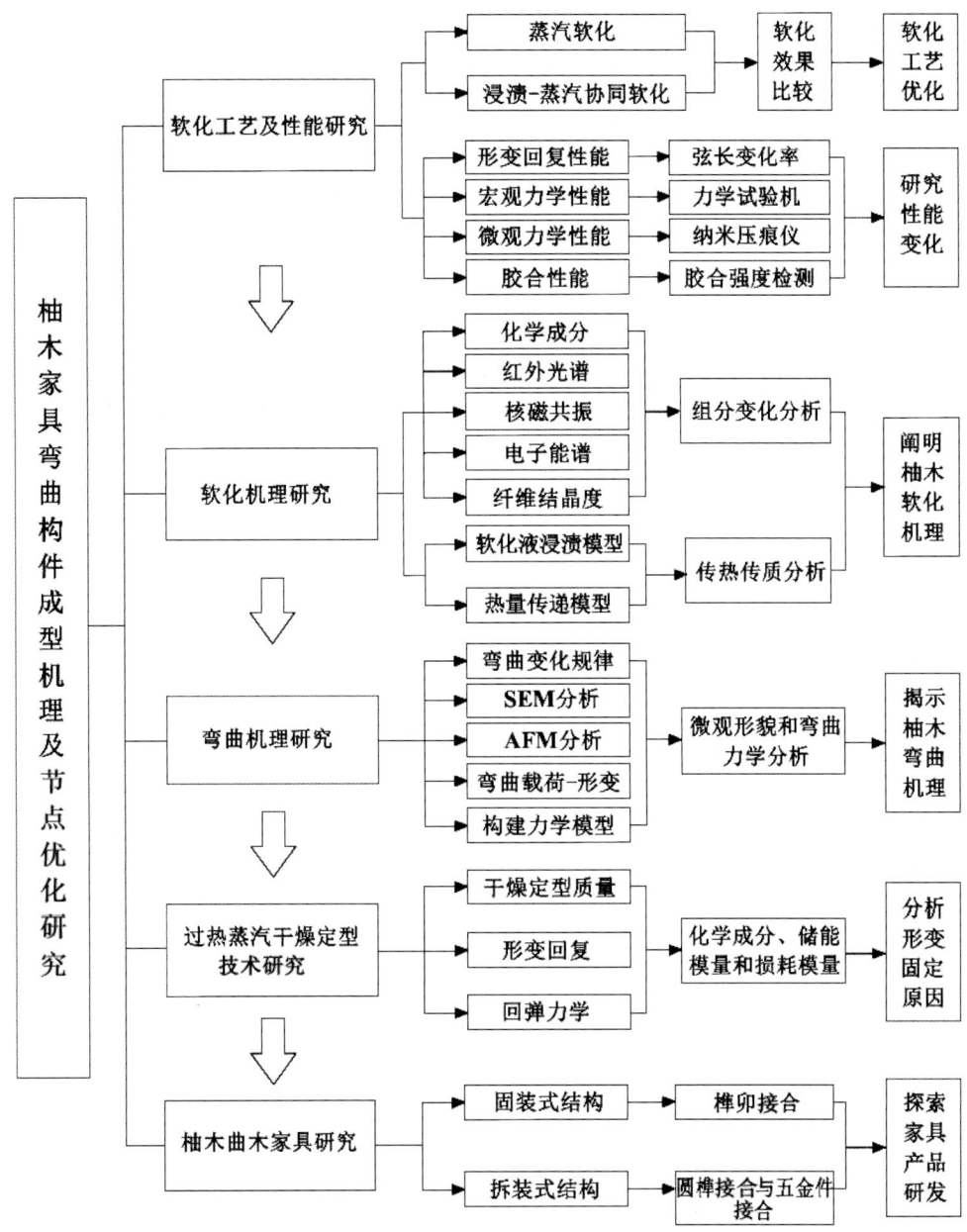

图 1-3　总体技术路线图

第2章 柚木弯曲构件的软化工艺及性能研究

2.1 引　言

木材软化是实木弯曲的基础和关键。在实木弯曲加工时,如果木材不进行软化处理,即使是弯曲性能较好的木材,其弯曲效果也会非常差。因此,木材在弯曲之前必须进行软化处理,软化处理的水平直接决定着实木的弯曲性能[39]。软化处理会使木材内部发生膨胀变形,降低细胞壁中纤维素、半纤维素和木质素的玻璃化转变温度,提高实木的可塑性,以使木材满足弯曲造型要求。

目前,针对木材软化与弯曲工艺方面的研究虽然取得了较大的进展,但还存在着一些不足之处:物理软化方法原理简单,加工生产快捷、环保,但水作为木材软化的增塑剂,只能进入木材半纤维素和纤维素的非结晶区,使木质素的玻璃化转变温度降低,却无法渗入纤维素结晶区,易产生弯曲曲率半径较大、弯曲断裂等问题[124-125];化学软化处理是以碱类和氨类为主,虽然可以提高木材的软化弯曲效果,但在加工过程中所产生的有害物质和气体会对环境造成污染[59,126-127];采用化学 – 物理协同软化的方法可以进一步提升木材的塑性能力,扩大了弯曲树种,降低了弹性回复的能力,但也存在着化学药剂污染环境的问题。

基于以上研究现状,在前期试验研究的基础上,本章将采用碱性较弱、增塑能力较强的三乙醇胺作为软化液,以安全环保的氯化钠、十二烷基苯磺酸钠分别作为渗透剂和表面活性剂来软化柚木。柚木作为一种珍贵树种,材性优良,纹理美观,但其属于油脂性的阔叶硬木材,常规技术难以弯曲,使家具造型设计和生产加工受限。为了增强柚木的软化效果,采用真空浸渍的方法将软化液浸入木材之中,然后采用饱和蒸汽处理来提高柚木的可塑性,实现其弯曲。

2.2　试验材料与方法

2.2.1　试验材料

不同的树种,弯曲性能差异很大,即使是同一树种的不同部位,弯曲性能也有不同。阔叶材的弯曲性能要比针叶材好,主要是由于阔叶材具有较为发达的管状组织,可塑性强。从国内外文献和家具企业的生产实践来看,弯曲性能较好且适合加工为曲木家具的主要树种有榆木、山毛榉、水曲柳、柞木、白蜡木、核桃楸、桦木等。目前国内外学者对常见木材的弯曲性能有一定的研究,而对珍贵树种木材弯曲性能的研究较少。本研究以人工林柚木为材料,对家具用弯曲构件的软化工艺进行研究。

人工林柚木从云南省西双版纳傣族自治州采集,根据《无疵小试样木材物理力学性质试验方法 第2部分:

取样方法和一般要求》(GB/T 1927.2—2021) 制备试件,尺寸为 500 mm × 40 mm × 20 mm($L \times T \times R$)。三乙醇胺(TEA, $C_6H_{15}NO_3$)、氯化钠(NaCl)和十二烷基苯磺酸钠(SDBS, $C_{18}H_{29}NaO_3S$)均购于国药集团化学试剂有限公司。

2.2.2　试验设备

本章所使用的试验设备如表 2-1 所示。

表 2-1　试验设备

名称	型号	生产厂家
木材软化试验罐	定制	长沙炬创科技有限公司
真空浸渍罐	定制	长沙炬创科技有限公司
曲木机	定制	上海通洲机械有限公司
恒温恒湿试验箱	GDJS-500B	江苏艾默生试验仪器科技有限公司
电热鼓风干燥箱	DGG-9203A	上海森信实验仪器有限公司

2.2.3　试验方法

目前,国内外学者针对木材的软化弯曲工艺开展了一系列的研究,但还存在着增塑能力不够、化学软化液易产生环境污染等问题。本研究在总结前人研究成果和前期探索性试验的基础上,提出了以三乙醇胺为主要软化液,加入十二烷基苯磺酸钠、氯化钠复配软化液,再结合高温蒸汽进行协同软化处理的木材软化弯曲工艺,具有绿色环保、增塑能力较强、经济实用等特点。

1. 化学试剂

本章所使用的化学试剂如表 2-2 所示。

表 2-2　化学试剂

名称	等级	来源
三乙醇胺（$C_6H_{15}NO_3$）	分析纯	国药集团化学试剂有限公司
十二烷基苯磺酸钠（$C_{18}H_{29}NaO_3S$）	分析纯	国药集团化学试剂有限公司
氯化钠（NaCl）	分析纯	国药集团化学试剂有限公司
木质素磺酸钠（$C_{20}H_{24}Na_2O_{10}S_2$）	分析纯	国药集团化学试剂有限公司

2. 试件制备工艺

(1) 抽提预处理。根据探索性试验,使用 120 °C 过热蒸汽处理木材试件 60 min,然后将试件置于恒温恒湿试验箱中,直到试件含水率达到 12% 左右。

(2) 软化液配制。将蒸馏水、TEA、渗透剂 NaCl 和表面活性剂 SDBS 按照一定的比例配制成软化液。其中蒸馏水与 TEA 的质量比例为 100 : 5～100 : 20,NaCl : SDBS : TEA=1 : 1 : 7。

(3) 软化液浸渍。将试材放入软化试验罐中,抽取真空,当真空度达到 −0.08 MPa 时,保持 60 min。然后吸入软化液,再在 0.5～1 MPa 压力下,保压浸渍 120 min,随后卸压。如此重复 3～5 次,使软化液充分渗入木材内部。

(4)软化与弯曲。将软化液从软化试验罐中排出,然后采用 100～140 ℃ 饱和蒸汽对浸渍木材加热,90～210 min。然后将软化处理后的木材放置在曲木机中,匀速加压对其进行弯曲。

(5)干燥定型。将弯曲成功的试件用夹具固定在磨具上,放入恒温恒湿试验箱中,在温度 60 ℃ 和相对湿度 50% 的条件下干燥定型木材,保持 72 h。

在本试验条件下,蒸汽的预处理所产生的高压蒸汽,使柚木导管中纹孔的内含物被部分排出,进而改善了木材内部的渗透性[128]。利用真空加压浸渍法对木材进行软化液浸渍,有利于软化液进入木材内部。软化液在蒸汽条件下与木材化学成分发生反应,渗入木材半纤维素、木质素的非结晶区,并使纤维素的结晶区发生润胀[129],从而达到增强软化与提升弯曲性能的效果。其软化原理与弯曲工艺过程如图 2-1 所示。

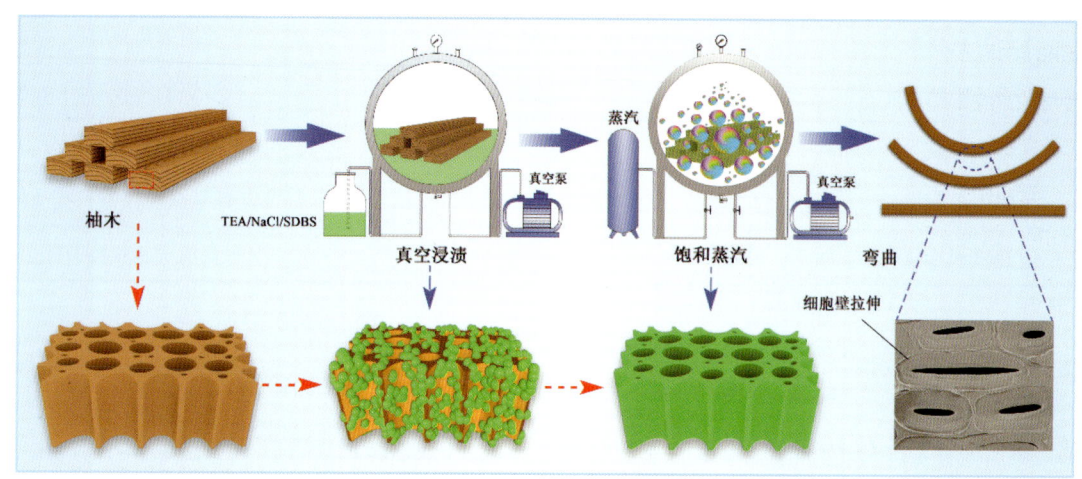

图 2-1　试件制备工艺示意图

3. 软化弯曲效果评价

(1)软化效果评价。

本章的研究目的是通过优化柚木的软化工艺参数,更好地实现木材的弯曲。采用单因素试验方法,分析不同软化工艺参数条件下的弯曲性能,并通过响应面分析法得出最优的软化工艺参数,最终提高柚木的弯曲性能。

柚木弯曲性能的评价标准是通过弯曲系数(K_b)来表示,即 h/r 的值[66]。柚木弯曲构件的曲率半径根据图 2-2 所示方法进行计算。

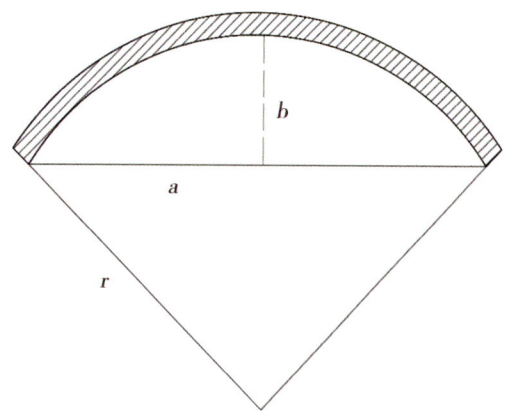

图 2-2　曲率半径测定示意图

弯曲系数是评价柚木最终弯曲性能的重要指标。根据公式(2-1)和公式(2-2)分别计算试件的曲率半径和弯曲系数。

$$r = a^2/8b + b/2 \tag{2-1}$$

$$K_b = h/r \tag{2-2}$$

式中，a 为试件内侧弦长(mm)；b 为试件内壁到弦长的距离(mm)；h 为试件的厚度(mm)；r 为试件的最小曲率半径(mm)。

(2) 弯曲效果评价。

在实现较小弯曲曲率半径的基础上，还要结合家具生产实践需要，综合评价弯曲构件外侧拉伸面的开裂、内侧压缩面的褶皱、尺寸稳定性、物理力学性能等方面。

4. 性能测试方法

(1) 物理性能测试。

①干缩性测试。

根据《无疵小试样木材物理力学性质试验方法　第 6 部分：干缩性测定》(GB/T 1927.6—2021)测试处理前后柚木的径向、弦向和纵向尺寸变化，采用公式(2-3)和公式(2-4)分别计算气干干缩率(β_W)和体积干缩率(β_{VW})。

$$\beta_W = (L_{max} - L_w)/L_{max} \tag{2-3}$$

$$\beta_{VW} = (V_{max} - V_w)/V_{max} \tag{2-4}$$

式中，L_{max} 为木材试件高于纤维饱和点状态时的径向、弦向长度(mm)；L_W 为木材试件气干状态时的径向、弦向长度(mm)；V_{max} 为木材试件高于纤维饱和点状态时的体积(mm³)；V_W 为木材试件气干状态时的体积(mm³)。

②湿胀性测试。

根据《无疵小试样木材物理力学性质试验方法　第 8 部分：湿胀性测定》(GB/T 1927.8—2021)测试处理前后柚木的径向、弦向和纵向尺寸变化，采用公式(2-5)和公式(2-6)分别计算饱和状态下线性湿胀率(α_{max})和体积湿胀率(α_{VW})。

$$\alpha_{max} = (L_{max} - L_0)/L_0 \tag{2-5}$$

$$\alpha_{VW} = (V_{max} - V_0)/V_0 \tag{2-6}$$

式中，L_{max} 为木材试件吸水至尺寸稳定时的径向、弦向长度(mm)；L_0 为木材试件全干状态时的径向、弦向长度(mm)；V_{max} 为木材试件吸水至尺寸稳定时的体积(mm³)；V_0 为木材试件全干状态时的体积(mm³)。

③弹性回复测试。

通过弦长变化率对弯曲试件的弹性回复性能进行评价。用公式(2-7)计算弦长变化率(Y)。

$$Y = (L_1 - L_1)/L_0 \tag{2-7}$$

式中，L_0 为弯曲试件模具弦长(mm)；L_1 为弯曲试件回弹稳定弦长(mm)。

(2) 宏观力学性能测试。

根据《无疵小试样木材物理力学性质试验方法　第 11 部分：顺纹抗压强度测定》(GB/T 1927.11—2022)、《无疵小试样木材物理力学性质试验方法　第 9 部分：抗弯强度测定》(GB/T 1927.9—2021)、《无疵小试样木材物理力学性质试验方法　第 10 部分：抗弯弹性模量测定》(GB/T 1927.10—2021)和《无疵小试样木材物理力学性质试验方法　第 19 部分：硬度测定》(GB/T 1927.19—2021)测试柚木的顺纹抗压强度、弯曲强度、弹性模量和硬度。

(3)微观力学性能测试。

将木材样品切割成 12 mm × 5 mm × 5 mm($L \times T \times R$)小块,使用滑走切片机(Leica SM 2010 R, German)将试件顶部制成金字塔形的尖端,然后采用钻石刀和超显微镜(Leica TCS SP8, German)切割尖端使其平滑,保证表面的粗糙度小于 10 nm。按照 Meng 等[130]的试件制备流程,采用无包埋树脂的方法制作试件。通过纳米压痕仪(Bruker Hysitron TI980, German)对晚材细胞壁的位置进行压痕,有效压痕位置为 10 个。

通过纳米压痕仪的加载力 – 位移曲线,采用公式(2-8)和公式(2-9)分别计算木材细胞壁 S_2 层的硬度(H)和压痕模量(E_r)。

$$H = \frac{P_{max}}{A} \tag{2-8}$$

$$E_r = \frac{\sqrt{\pi}}{2\beta} \frac{S}{\sqrt{A}} \tag{2-9}$$

式中,P_{max} 为一个压痕循环过程中最大压痕深处的最大压载力(μN);A 为压头和测试样品接触的投影面积(mm^2);S 为加载力 – 位移曲线中卸载部分切线的斜率(μN/nm);β 为修正因子。

(4)胶合性能测试方法。

根据《家具实木胶接件剪切强度的测定》(QB/T 1093—2013)的标准测试试件的胶合性能。

2.3　柚木软化处理及工艺优化

柚木的软化弯曲性能除了与木材本身特性因素有关,还与软化处理的工艺参数有着紧密的关系。在前期探索性试验的基础上,采用软化液对柚木进行真空浸渍,并通过饱和蒸汽进行软化处理以提高柚木的可塑性。通过分析软化处理温度、软化处理时间和软化液浓度等工艺参数,探讨其对柚木软化弯曲效果的影响。

2.3.1　单因素试验

1. 软化处理温度对软化弯曲效果的影响

木材是一种天然的高分子材料,加热可以使木材内部非结晶区体积膨胀,增加分子运动的自由空间,为木材的软化提供充足的能量,提高木材的可塑性,进而改善木材的弯曲性能。

根据高分子自由体积理论,高分子聚合物的体积是由占据的体积和未被占据的自由体积构成。当高分子聚合物冷却时,自由体积逐渐减小,到某一温度时,自由体积将达到最低值,使高分子聚合物处于玻璃态。在玻璃态下,由于链段运动被冻结,自由体积也被冻结,并保持恒定值,自由体积的大小及其分布也将基本维持不变[131]。借鉴高分子自由体积理论,当软化处理温度小于玻璃化转变温度时,木材内部的温度无法达到玻璃化转变温度的条件,木材在弯曲过程中易发生开裂、折断等现象。当软化处理温度达到玻璃化转变温度时,将提高分子的运动能力,增大自由体积空间,改善材料的弯曲能力。但温度过高,会使木质素呈黏流状态,半纤维素失去联结作用,纤维素过度降解,影响木材的弯曲韧性,造成木材变色、弯曲失败等问题。

根据国内外相关研究成果和前期探索性试验,总结出柚木在 100～140 ℃的条件下可以实现不同程度的软化弯曲。本节采用单因素分析法,以软化处理温度为变量,固定软化处理时间和软化液浓度,分析不同软化处理温度对柚木软化弯曲效果的影响规律。

(1) 试验处理条件。

在恒温恒湿试验箱中将试件初始含水率处理为 12%，软化处理时间为 180 min，软化液浓度为 15%，试件尺寸为 500 mm × 40 mm × 20 mm，软化罐蒸汽压力控制为 0.3～0.5 MPa，软化处理温度设定值如表 2-3 所示。

表 2-3　软化处理温度设定值

试件	1	2	3	4	5
软化处理温度 / °C	100	110	120	130	140

(2) 试验结果与讨论。

为了使试验数据更加直观，根据 2.2 节中弯曲构件曲率半径的计算公式，获得试件的弯曲系数，并将其作为柚木在不同温度条件下的软化效果评价指标。根据柚木在蒸汽、软化液浸渍 – 蒸汽协同软化处理条件下的弯曲试验数据，计算出不同软化处理温度与试件软化弯曲性能之间的关系，其结果如表 2-4 和表 2-5 所示。

表 2-4　不同蒸汽软化处理温度条件下柚木的软化弯曲性能

试件	弯曲系数				
	100 °C	110 °C	120 °C	130 °C	140 °C
试件 1	1/16.6	1/14.7	1/12.1	1/12.8	1/12.4
试件 2	1/16.4	1/14.3	1/10.9	1/11.2	1/13.8
试件 3	1/15.0	1/13.5	1/11.2	1/11.6	1/12.6
试件 4	1/15.6	1/13.9	1/11.6	1/11.9	1/13.3
试件 5	1/15.4	1/13.1	1/12.3	1/12.6	1/13.9
平均值	1/15.8	1/13.9	1/11.62	1/12.02	1/13.20
标准差	1.47	1.58	1.70	1.49	1.47
变异系数	4.29	4.55	5.07	5.60	5.17

注：表中平均值为分子（h）保持不变，分母（r）求平均值。后文 h/r 的平均值均采用此方法。

表 2-5　不同软化液浸渍 – 蒸汽协同软化处理温度条件下柚木的软化弯曲性能

试件	弯曲系数				
	100 °C	110 °C	120 °C	130 °C	140 °C
试件 1	1/11.5	1/11.0	1/10.3	1/10.8	1/10.8
试件 2	1/11.8	1/11.2	1/9.1	1/10.0	1/9.9
试件 3	1/12.2	1/10.2	1/9.4	1/10.2	1/10.4
试件 4	1/11.0	1/10.0	1/10.0	1/9.8	1/11.1
试件 5	1/11.2	1/10.8	1/9.6	1/9.4	1/9.6
平均值	1/11.54	1/10.64	1/9.68	1/10.04	1/10.36
标准差	2.10	1.93	2.09	1.93	1.62
变异系数	4.14	4.87	4.92	5.16	5.97

为了进一步探究软化处理温度对试件软化弯曲性能的影响,利用软件 SPSS 26 对浸渍材的试验数据进行单因素方差分析,结果如表 2-6 所示。

表 2-6　软化处理温度对柚木软化弯曲性能影响的方差分析

变异来源	平方和	自由度	均方	F 值	P 值
组内	0.0005	20	0.0002	—	<0.05
组间	0.0008	4	0.0002	8.3544	0.0014

表 2-6 的方差分析结果显示,软化处理温度对柚木软化弯曲性能的影响是显著的($P<0.05$)。为了比较各水平之间的差异,根据统计分析结果,在图 2-3 中进行了显著性标识。

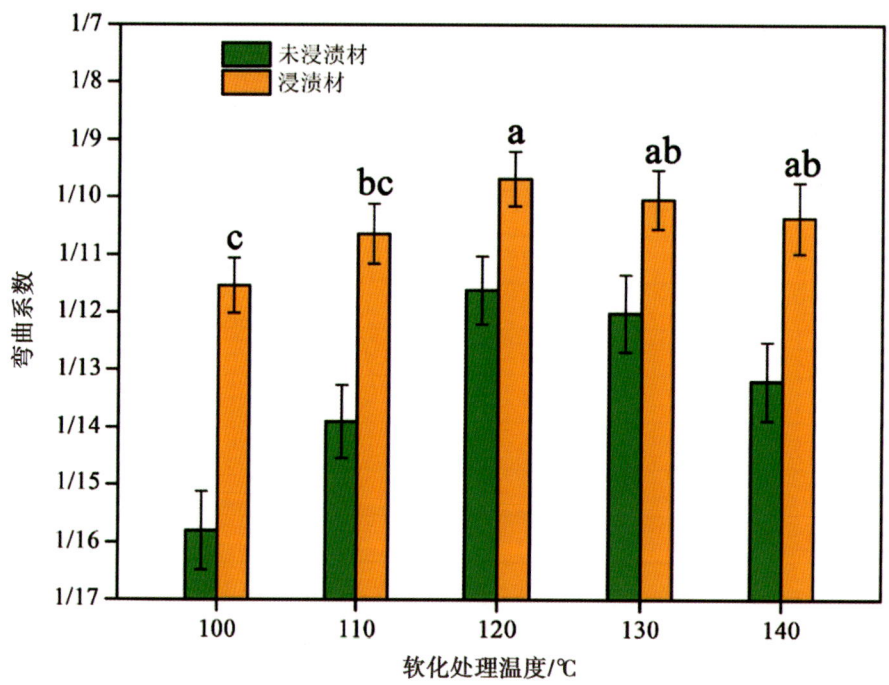

图 2-3　软化处理温度对柚木软化弯曲性能影响的 LSD 多重比较

根据 LSD 多重比较分析结果,处理温度 120 ℃($P>0.05$)与 100 ℃、110 ℃、140 ℃(P 值分别为 0.003、0.007 和 0.042)之间存在显著差异,但与 130 ℃($P>0.05$)之间不存在显著差异。因此,基于各水平的差异性以及对软化弯曲性能影响,在后续的工艺试验中将 120 ℃ 作为柚木软化处理温度。

2. 软化处理时间对软化弯曲效果的影响

试件在软化处理过程中,软化试验罐对柚木的传热需要一定的时间才可以渗透到柚木内部,从而达到柚木软化的目的。在试验中,发现软化处理时间对柚木的软化弯曲效果也同样显著。软化处理时间过短,会使木材内部的纤维素、半纤维素和木质素达不到玻璃化转变温度,且内外软化程度不一,造成木材弯曲断裂;软化处理时间过长,会使柚木中的主要化学成分过度降解,也无法实现较小的弯曲曲率半径。

(1)试验处理条件。

本试验试件初始含水率处理为 12%,软化处理温度为 120 ℃,软化液浓度为 15%,试件尺寸为 500 mm×40 mm×20 mm,软化试验罐蒸汽压力控制为 0.3～0.5 MPa,软化处理时间设定值如表 2-7 所示。

表 2-7　软化处理时间设定值

试件	1	2	3	4	5
软化处理时间 / min	90	120	150	180	210

(2)试验结果与讨论。

根据柚木在蒸汽、软化液浸渍 - 蒸汽协同软化处理条件下的试验数据,计算出不同软化处理时间与试件软化弯曲性能之间的关系,其结果如表 2-8 和表 2-9 所示。

表 2-8　不同蒸汽软化处理时间条件下柚木的软化弯曲性能

试件	弯曲系数				
	90 min	120 min	150 min	180 min	210 min
试件 1	1/15.9	1/14.3	1/14.0	1/12.0	1/10.9
试件 2	1/16.2	1/15.2	1/13.2	1/12.5	1/11.2
试件 3	1/14.6	1/14.5	1/12.4	1/10.9	1/12.4
试件 4	1/14.8	1/14.0	1/12.7	1/11.5	1/12.0
试件 5	1/15.6	1/13.7	1/13.0	1/11.7	1/11.7
平均值	1/15.42	1/14.34	1/13.06	1/11.72	1/11.64
标准差	1.44	1.76	1.65	1.69	1.66
变异系数	4.50	3.96	4.65	5.06	5.18

表 2-9　不同软化液浸渍 - 蒸汽协同软化处理时间条件下柚木的软化弯曲性能

试件	弯曲系数				
	90 min	120 min	150 min	180 min	210 min
试件 1	1/12.1	1/11.1	1/9.6	1/9.3	1/11.0
试件 2	1/10.4	1/11.6	1/11.1	1/10.6	1/9.8
试件 3	1/10.6	1/10.0	1/10.6	1/10.3	1/10.1
试件 4	1/11.3	1/10.3	1/9.7	1/9.1	1/9.3
试件 5	1/10.9	1/10.5	1/10.4	1/9.5	1/9.5
平均值	1/11.06	1/10.70	1/10.28	1/9.76	1/9.94
标准差	1.49	1.55	1.59	1.53	1.50
变异系数	6.09	6.02	6.13	6.70	6.70

为了进一步探究软化处理时间对试件软化弯曲性能的影响,利用软件 SPSS 26 对浸渍材的试验数据进行单因素方差分析,结果如表 2-10 所示。

表 2-10　软化处理时间对柚木软化弯曲性能影响的方差分析

变异来源	平方和	自由度	均方	F 值	P 值
组内	0.0007	20	0.0001	—	<0.05
组间	0.0005	4	0.0001	3.4421	0.0269

表 2-10 的方差分析结果显示,软化处理时间对柚木软化弯曲性能的影响是显著的($P<0.05$)。为了比较各水平之间的差异,根据统计分析结果,在图 2-4 中进行了显著性标识。

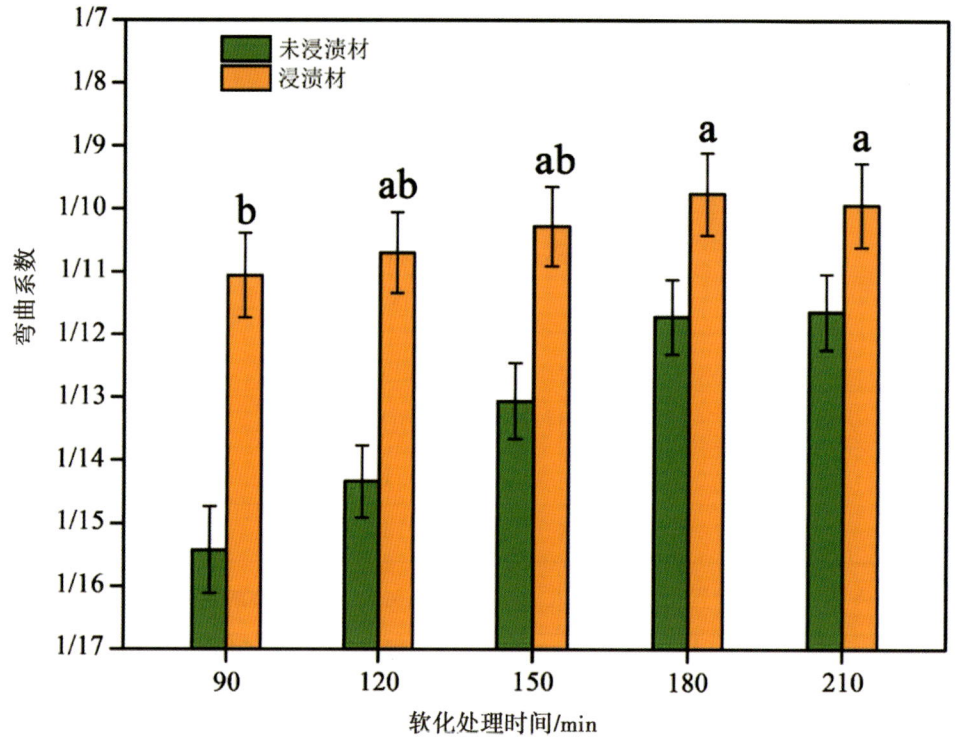

图 2-4　软化处理时间对柚木软化弯曲性能影响的 LSD 多重比较

根据 LSD 多重比较分析结果,软化处理时间 180 min($P>0.05$)与 90 min、120 min(P 值分别为 0.005、0.027)之间存在显著差异,但与 150 min、210 min($P>0.05$)之间不存在显著差异。基于各水平的差异性以及对软化弯曲性能影响,在后续的工艺试验中将 180 min 作为柚木软化处理时间。

3. 软化液浓度对软化弯曲效果的影响

软化液软化机理与水热软化有所不同,软化液不仅可以渗入木材半纤维素、木质素的非结晶区,还可以进入纤维素的结晶区,在一定条件下引起木材膨胀,增加纤维素分子链之间的距离,从而提升木材的软化弯曲效果。[56]

(1)试验处理条件。

本试验试件初始含水率为 12%,软化处理温度为 120 ℃,软化处理时间为 180 min,试件尺寸为 500 mm×40 mm×20 mm,软化试验罐蒸汽压力控制为 0.3~0.5 MPa,软化液浓度设定值如表 2-11 所示。

表 2-11　软化液浓度设定值

试件	1	2	3	4	5
软化液浓度 /（%）	5	10	15	20	25

（2）试验结果与讨论。

根据柚木在蒸汽、软化液浸渍 – 蒸汽协同软化条件下的试验数据,计算出不同软化液浓度与试件软化弯曲性能之间的关系,其结果如表 2-12 所示。

表 2-12　不同浓度软化液浸渍 – 蒸汽协同软化处理条件下柚木的软化弯曲性能

试件	弯曲系数					
	0%	5%	10%	15%	20%	25%
试件 1	1/12.1	1/10.3	1/9.6	1/8.8	1/9.6	1/10.3
试件 2	1/11.0	1/10.9	1/9.9	1/10.1	1/10.2	1/10.6
试件 3	1/11.2	1/10.2	1/10.5	1/9.6	1/10.4	1/9.4
试件 4	1/11.6	1/9.6	1/9.1	1/8.6	1/9.8	1/10.0
试件 5	1/12.2	1/9.8	1/9.6	1/9.1	1/9.2	1/9.6
平均值	1/11.42	1/10.16	1/9.74	1/9.24	1/9.84	1/9.98
标准差	1.88	2.48	4.82	2.28	3.70	3.86
变异系数	4.57	3.97	2.13	4.76	2.75	2.59

为了进一步探究软化液浓度对试件软化弯曲性能的影响,利用软件 SPSS 26 对试验数据进行单因素方差分析,结果如表 2-13 所示。

表 2-13　软化液浓度对柚木软化弯曲性能影响的方差分析

变异来源	平方和	自由度	均方	F 值	P 值
组内	0.0007	24	0.274	—	<0.05
组间	0.0005	1	0.0005	19.2251	0.0002

表 2-13 的方差分析结果显示,不同浓度的软化液对柚木软化弯曲性能的影响是显著的($P<0.05$)。为了比较各水平之间的差异,根据统计分析结果,在图 2-5 中进行了显著性标识。

根据 LSD 多重比较分析结果,软化液浓度 15%($P>0.05$)与 5%、25% 以及未浸渍材(P 值分别为 0.006、0.021 和 0.001)之间存在显著差异,与其他浓度水平($P>0.05$)之间不存在显著差异。因此,基于各水平的差异性以及对软化弯曲性能影响,在后续的工艺试验中将 15% 作为软化液浓度。

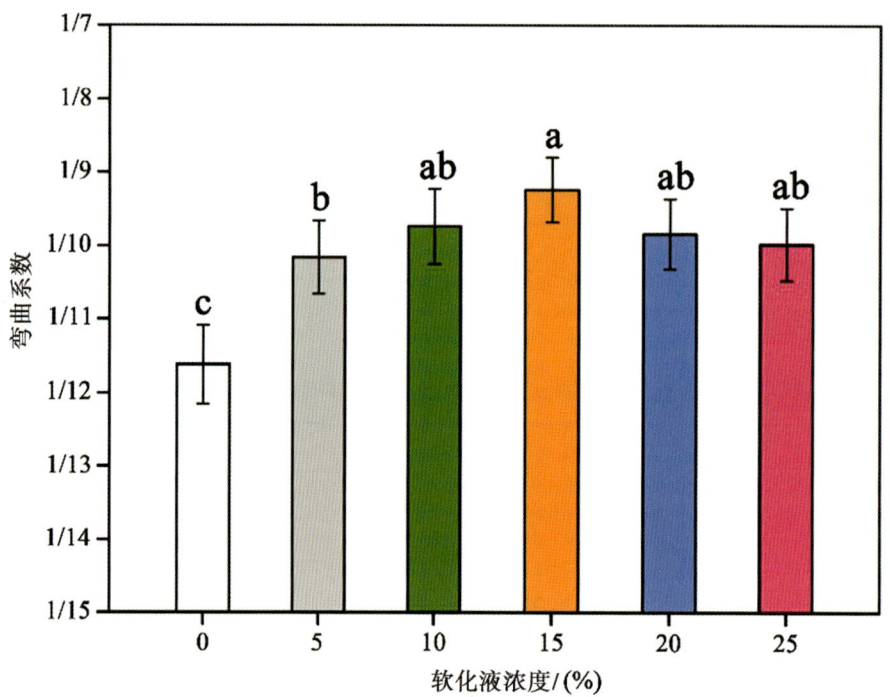

图 2-5　软化液浓度对柚木软化弯曲性能影响的 LSD 多重比较

2.3.2　工艺优化及分析

在单因素试验的基础上,通过响应面工艺优化法进一步对柚木的软化工艺进行分析,从而获得最优的软化液浸渍 - 蒸汽协同软化工艺参数。

1. 方案设计

本节通过 Design Expert 软件对软化液浸渍 - 蒸汽协同软化处理中的工艺参数进行优化分析。在方案设计中,以软化处理温度、软化处理时间和软化液浓度作为工艺参数,柚木软化弯曲性能指标作为响应值,然后进行响应面三因素三水平的试验分析,如表 2-14 所示。

表 2-14　响应面法试验设计的水平和编码

变量	编码	水平		
		−1	0	1
软化处理温度 / °C	A	110	120	130
软化处理时间 / min	B	150	180	210
软化液浓度 /（%）	C	10	15	20

2. 试验结果与数据分析

根据 Box-Behnken 设计对柚木软化工艺参数的优化方案进行试验测定,结果如表 2-15 所示。

表 2-15　Box-Behnken 响应面试验结果

编号	A- 处理温度 / ℃	B- 处理时间 /min	C- 软化液浓度 /（%）	h/r 值
1	110	180	10	1/11.00
2	110	210	15	1/10.60
3	110	150	15	1/10.10
4	110	180	20	1/10.50
5	120	150	10	1/10.00
6	120	180	15	1/9.24
7	120	180	15	1/9.17
8	120	210	20	1/10.20
9	120	210	10	1/10.50
10	120	180	15	1/9.56
11	120	180	15	1/9.40
12	120	150	20	1/10.50
13	120	180	15	1/9.10
14	130	210	15	1/9.60
15	130	150	15	1/9.70
16	130	180	10	1/10.10

通过 Design Expert 软件对试验数据结果进行计算，考虑到弯曲系数 h/r 数值太小，采用百分数的方式对其进行模型与方差分析，分析结果如表 2-16 所示。

表 2-16　模型与方差分析结果

方差来源	平方和	自由度	均方	F 值	P 值	显著性
模型	5.40	9	0.5997	16.27	0.0007	**
A- 处理温度	0.51	1	0.5116	13.88	0.0074	**
B- 处理时间	0.04	1	0.0356	1.05	0.3402	—

方差来源	平方和	自由度	均方	F 值	P 值	显著性
C- 软化液浓度	0.01	1	0.0127	0.34	0.5761	—
AB	0.0825	1	0.0825	2.24	0.1784	—
AC	0.2441	1	0.2441	6.62	0.0368	*
BC	0.1430	1	0.1430	3.88	0.0896	—
A^2	1.04	1	1.04	28.29	0.0011	**
B^2	0.2635	1	0.2635	7.15	0.0318	*
C^2	2.69	1	2.69	73.10	<0.0001	**
残值	0.2581	7	0.0369	—	—	—
失拟项	0.0760	3	0.0253	0.5569	0.6709	—
纯误差	0.1820	4	0.0455	—	—	—
总和	5.66	16	—	—	—	—
R^2	0.9544	—	—	—	—	—
R^2_{Adj}	0.8957	—	—	—	—	—

注：* 表示差异显著（$P<0.05$），** 表示差异极显著（$P<0.01$）。

由表 2-16 可知，响应面的回归模型 P 值为 0.0007($P<0.01$)，表现为特别显著，软化弯曲性能失拟项 P 值为 0.6709($P>0.05$)，表现为不显著，说明该模型拟合度良好。同时，响应因素软化弯曲性能对应的拟合度 $R^2=0.9544$，说明模型方程可解释 95.44% 的试验所得的柚木软化弯曲性能的变化，表示模型拟合值与实际值显著相关，可解释程度较高，模型精度能满足要求。此外，校正系数 $R^2_{Adj}=0.8957$，说明该模型能解释 89.57% 响应值的变化。因此，该模型可用于优化柚木软化弯曲性能的工艺条件。

在表 2-16 中，一次项 A 和二次项 A^2、B^2、C^2 对应的 P 值均小于 0.05，说明软化弯曲工艺中的软化处理温度、软化处理时间、软化液浓度对柚木的软化弯曲性能均具有显著影响。AC 项的 P 值为 0.0368，表现为差异显著，说明软化处理温度和软化液浓度对柚木的软化弯曲性能有着较为显著的交互作用。

同时，通过响应面数据分析获得二次多项回归拟合方程，得到公式(2-10)。

$$Y = 10.76 + 0.24A - 0.250AC - 0.50A^2 - 0.25B^2 - 0.80C^2 \qquad (2-10)$$

由公式(2-10)可知，各工艺参数对柚木软化弯曲效果的显著性顺序为 $A>C>B$，即软化处理温度最为显著，其次是软化液浓度和软化处理时间，并且软化处理温度与软化液浓度的交互作用最为显著。

3. 响应面工艺优化

图 2-6 为在软化处理时间 180 min 条件下，软化处理温度和软化液浓度对柚木软化弯曲性能影响的响应

面和等高线图。从图 2-6 中可以看出,当软化处理时间不变时,提高软化处理温度和软化液浓度,柚木的弯曲性能指标显示出逐渐提高的趋势,但达到一定程度,其软化弯曲性能又出现了下降。在软化处理温度 120°C 和软化液浓度 15% 左右时,柚木的软化弯曲性能达到最佳。

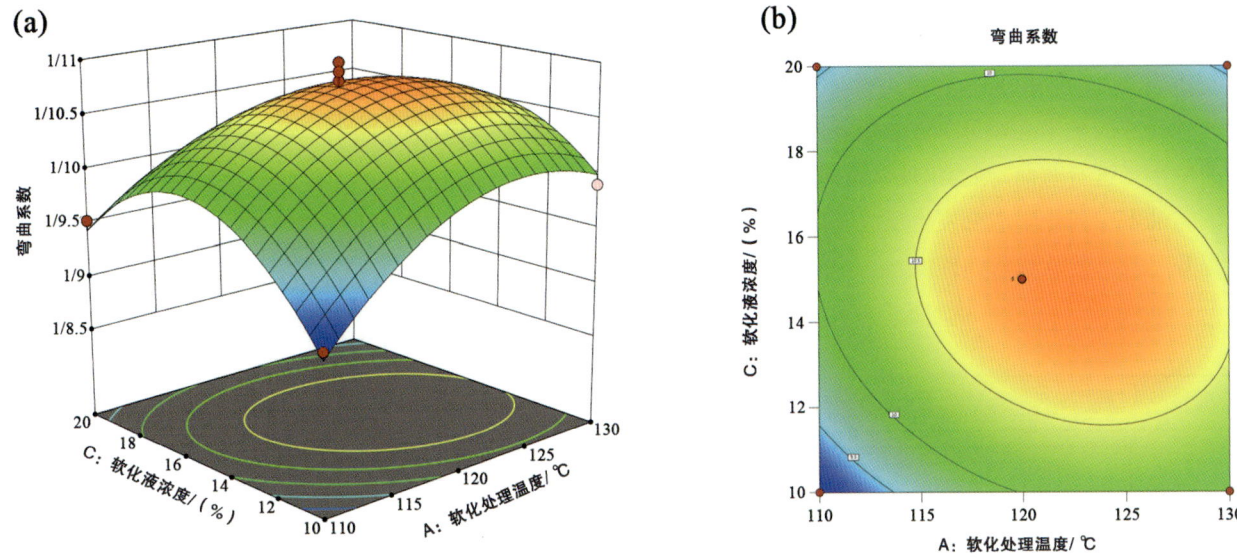

图 2-6 $Y=f(A, C)$ 的响应面和等高线图

(a) $Y=f(A, C)$ 响应面, (b) $Y=f(A, C)$ 的等高线

主要原因如下。

(1) 当软化液浓度较低时,其分解出的物质不能充分与柚木的化学成分发生反应,无法有效改善木材内部分子之间的活性,使柚木的塑性变形能力受限,同时在较低的温度条件下,柚木中的主要化学成分未达到玻璃化转变温度,从而造成试件的软化弯曲性能较低。

(2) 在一定的软化液浓度与软化处理温度条件下,软化液中的 $-NH_2$ 与柚木中的官能团发生了结合,增强了分子的活性,使木材的可塑性增强。同时,碱性软化液对木材中的结晶区和非结晶区具有一定降解作用,并在蒸汽的协同作用下,使纤维素的结晶区发生润胀,因此提升了柚木的软化弯曲性能。

(3) 柚木在较高浓度的软化液和持续高温的共同作用下,易使纤维素和木质素发生一定溶解,破坏木材的内部组织结构,造成木材力学性能降低,最终影响试件的弯曲质量和成品率。

根据软件对试验模型的分析和优化结果,得出最佳的软化工艺参数: $A=123.59$, $B=177.19$, $C=14.62$, Y 的最大值为 1/9.26,即当软化处理温度为 123.59 °C,软化处理时间为 177.19 min,软化液浓度为 14.62% 时,试件的弯曲系数为 1/9.26,软化效果最佳。根据试验室的条件和操作的实际情况,在试验对比验证阶段,将软化处理温度 125 °C、软化处理时间 175 min、软化液浓度 15% 作为试验工艺参数进行验证。

2.3.3 试验对比验证

根据响应面分析结果,获得了柚木弯曲较为理想的软化工艺优化参数。为了验证理论分析结果的科学性,本节对优化之后最佳的工艺参数进行测试与评价。

1. 试验方法

试验方法同第 2.2.3 节。

2. 试验结果与讨论

按照软化液浸渍－蒸汽协同软化处理的工艺参数对柚木进行弯曲试验验证,其结果如表 2-17 所示。通过试验数据测定,柚木弯曲构件的平均横向弦长为 367 mm,纵向弦长为 121 mm,曲率半径为 199.6 mm,弯曲系数为 1/9.98,与响应面工艺优化理论值 1/9.26 较为接近。同时,为了进一步验证柚木软化弯曲性能,使工艺试验结果更为直观,对软化液浸渍－蒸汽协同软化条件下的试件与未浸渍试件进行对比试验。

由表 2-17 可知,柚木在经过软化液浸渍－蒸汽协同软化处理之后,其软化弯曲性能得到了显著提升。未浸渍软化液的柚木在经过蒸汽软化处理之后,也可以进行小幅度弯曲,但弯曲曲率半径较大。如果按照浸渍材的曲率半径进行弯曲,则会出现严重的开裂和破损,无法正常使用。这主要是由于软化液在蒸汽的协同处理条件下与柚木中的化学成分发生反应,渗入木材半纤维素、木质素的非结晶区,并使纤维素的结晶区发生润胀,从而提升了柚木的软化弯曲性能。

表 2-17　浸渍材与未浸渍材弯曲构件试验对比图

编号	浸渍处理	未浸渍处理
试件 1		
试件 2		
试件 3		

编号	浸渍处理	未浸渍处理
试件 4	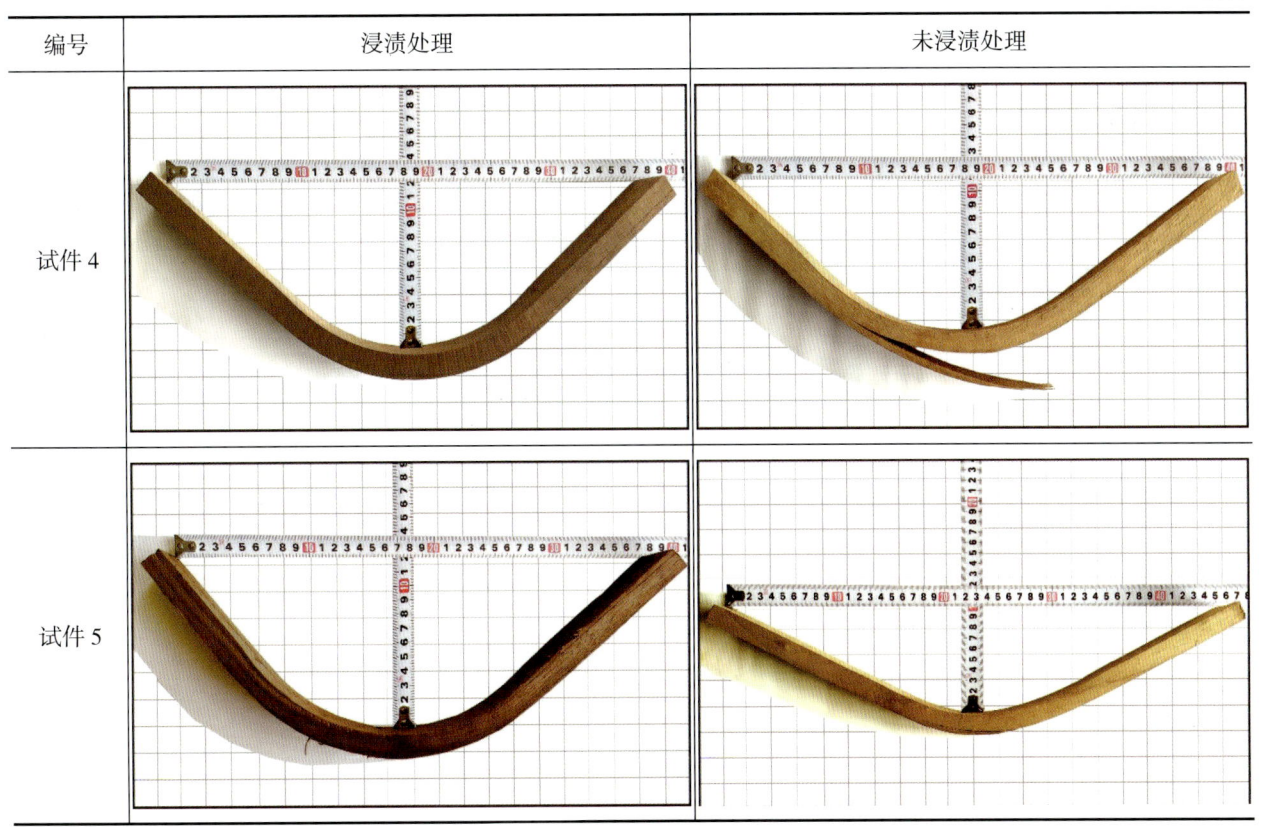	
试件 5		

2.4　性 能 研 究

2.4.1　物理性能研究

1. 干缩性

软化液浓度对柚木干缩性的影响如图 2-7 所示。由图 2-7 可知,随着软化液浓度的增加,柚木的气干干缩率和全干干缩率逐渐降低,其中弦向干缩率比径向干缩率变化大。试验结果显示,在不同浓度软化液处理后柚木的气干体积干缩率比未处理材分别降低了 26.10%、34.15%、43.17% 和 48.05%;全干体积干缩率分别降低了 37.60%、43.68%、48.25% 和 50.68%。气干干缩率与全干干缩率的变化规律较为一致,表明软化液浸渍处理可以增强柚木抗干缩能力,改善尺寸稳定性。这主要是由于柚木在失水时,细胞壁中纤丝之间、微纤丝之间以及非结晶区之间水层变薄而排列紧密,引起细胞壁以及木材体积干缩[132]。而柚木在软化液浸渍 – 蒸汽协同软化处理过程中,细胞壁中的微胶粒和微细纤维发生了塑化固定,同时木质素通过交联反应形成了新的网络结构,阻碍了木材内部水分的流通,抑制了木材的收缩性能,从而导致处理材干缩率下降[133-134]。

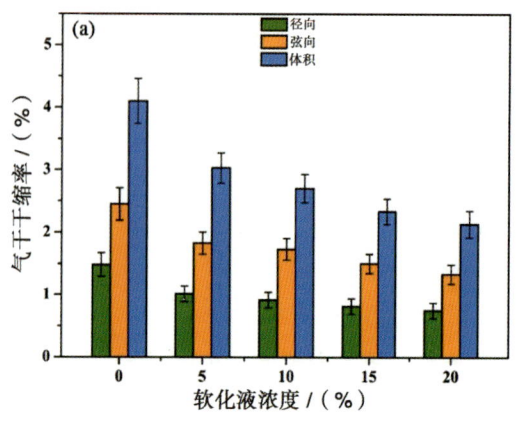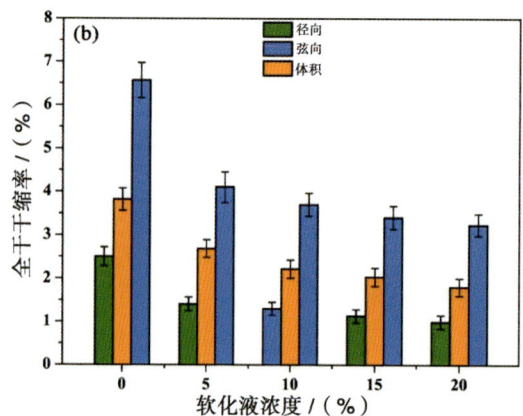

图 2-7　软化液浓度对柚木干缩性的影响

（a）气干干缩率，（b）全干干缩率

2. 湿胀性

图 2-8 为软化液浓度对柚木湿胀性的影响。随着软化液浓度的增加,柚木的湿胀率呈现逐渐降低趋势:未处理材的体积湿胀率为 7.92%,而经过软化液处理后的体积湿胀率分别为 5.20%、4.52%、3.85%、3.35%,体积湿胀率分别降低了 34.34%、42.93%、51.39%、57.70%,说明柚木经过软化改性处理之后,其抗湿胀性能明显得到提升。这主要是因为:木材本身具有吸湿性,水可以浸入细胞壁中的非结晶区,使相邻微纤丝水层变厚而伸展,同时还可以与纤维素、半纤维素和木质素中的游离羟基结合成氢键,进而使细胞壁发生湿胀。而经过软化液浸渍 – 蒸汽协同软化处理之后,软化液渗入木材的细胞壁层,与柚木的化学成分产生一系列反应,尤其是半纤维素中的多糖醛酸等发生化学变化生成吸湿性较弱的聚合物,阻碍了纤维分子链之间距离的增大,使柚木的湿胀率降低。

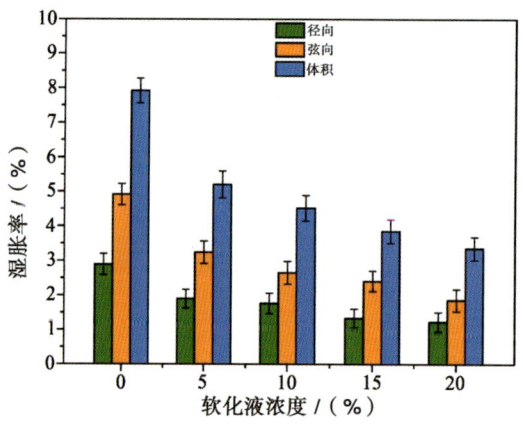

图 2-8　软化液浓度对柚木湿胀性的影响

3. 弦长变化率

图 2-9 为软化液浓度对柚木弯曲构件弦长和弦长变化率的影响。由图 2-9 可知,未处理材 72 h 后的弦长为 408 mm,而经过软化液处理后的构件弦长分别为 402 mm、398 mm、395 mm、393 mm,弦长变化率分别降低了 4.42%、3.37%、2.60%、2.08%,弦长变化率呈现逐渐降低的趋势。同时,结合前期干缩率和湿胀率的试验数据,发现柚木经过软化改性处理后尺寸稳定性得到了提高。这可能是由于软化液渗入木材细胞壁之后,在高湿高热条件下使木材纤维素中的羟基发生脱水反应,破坏了半纤维素中的亲水基团,形成了全新的木质素网络结构[135]。

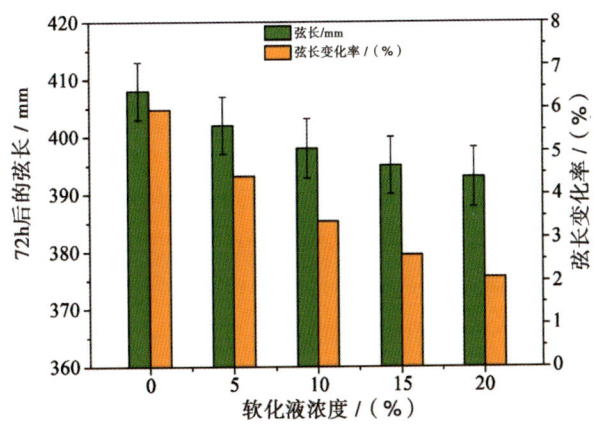

图 2-9　软化液浓度对柚木弯曲构件弦长和弦长变化率的影响

2.4.2　宏观力学性能分析

图 2-10 为柚木软化处理前后的宏观力学性能。由图 2-10 可知,未处理材的顺纹抗压强度为 45.7 MPa,弯曲强度为 104.5 MPa,弹性模量为 9209.10 MPa,端面硬度、弦向硬度、径向硬度分别为 4672.25 N、4102.82 N、3821.28 N。而经过软化处理后(软化液浓度 15%),柚木的顺纹抗压强度、弯曲强度、弹性模量、端面硬度、弦向硬度、径向硬度分别为 56.17 MPa、126.26 MPa、9095.18 MPa、6087.4 N、4602.27 N、4572.84 N,顺纹抗压强度、弯曲强度、端面硬度、弦向硬度、径向硬度分别提高了 22.91%、20.82%、30.29%、12.17%、19.67%。同时,也发现软化处理材的弹性模量略有所降低,但差别不明显,此结果与 Weigl 等的研究结果一致[53];而顺纹抗压强度、弯曲强度和硬度较未处理材有了较为明显的提高,这主要是由于柚木的软化处理使木质素聚合物网络发生交联反应,增强了木材纤维素的聚合力[136],进而使柚木的力学强度发生变化。

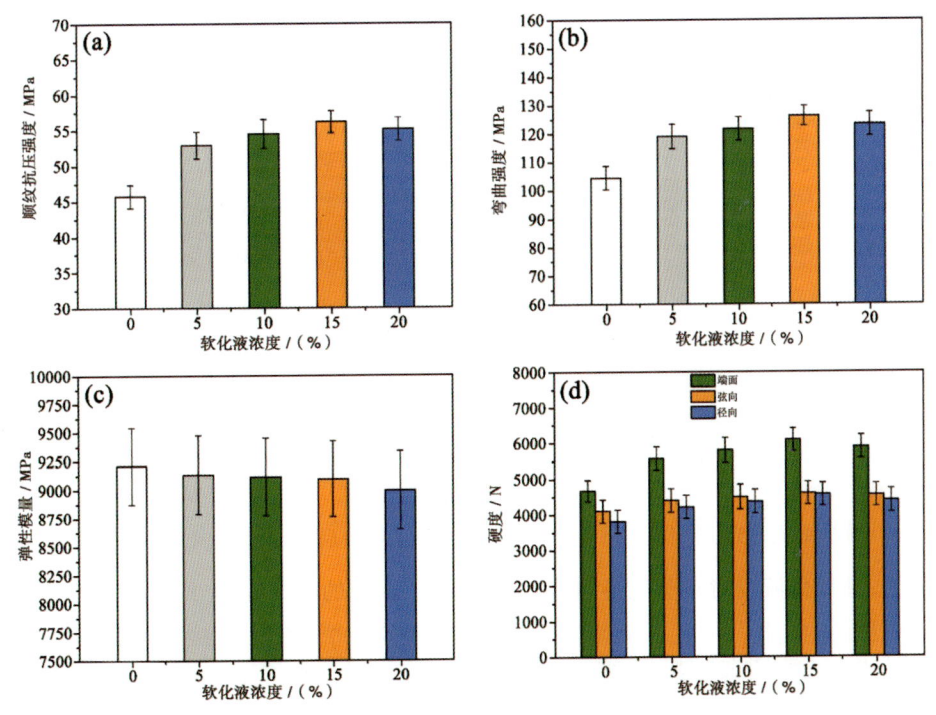

图 2-10　柚木软化处理前后的宏观力学性能

（a）顺纹抗压强度，（b）弯曲强度，（c）弹性模量，（d）硬度

2.4.3　微观力学性能分析

纳米压痕(NI)技术能够表征软化处理前后柚木细胞壁微观力学性能的变化。选择位于同一年轮晚材的细胞壁 S_2 层,用于 NI 测量压痕模量(Er)和硬度(H),如图 2-11〔(a)～(j)〕所示。软化液处理对柚木细胞壁压痕模量和硬度的影响如图 2-11(k)所示。由图 2-11(k)可知,柚木细胞壁的压痕模量由未处理材的 14.167 GPa 分别提升至 15.833 GPa(软化液浓度 5%)、16.183 GPa(软化液浓度 10%)、16.533 GPa(软化液浓度 15%)以及 16.280 GPa(软化液浓度 20%),分别提高了 11.76%、14.23%、16.70% 以及 14.91%,呈现先升高再降低的趋势。从图中还可以看出,柚木细胞壁的硬度由未处理材的 0.331 GPa 分别提升至 0.370 GPa(软化液浓度 5%)、0.382 GPa(软化液浓度 10%)、0.402 GPa(软化液浓度 15%)和 0.384 GPa(软化液浓度 20%)。这与蒸汽条件下热处理马尾松的纳米压痕结果的趋势相一致[137],也与柚木顺纹抗压强度先升高再降低的现象吻合。

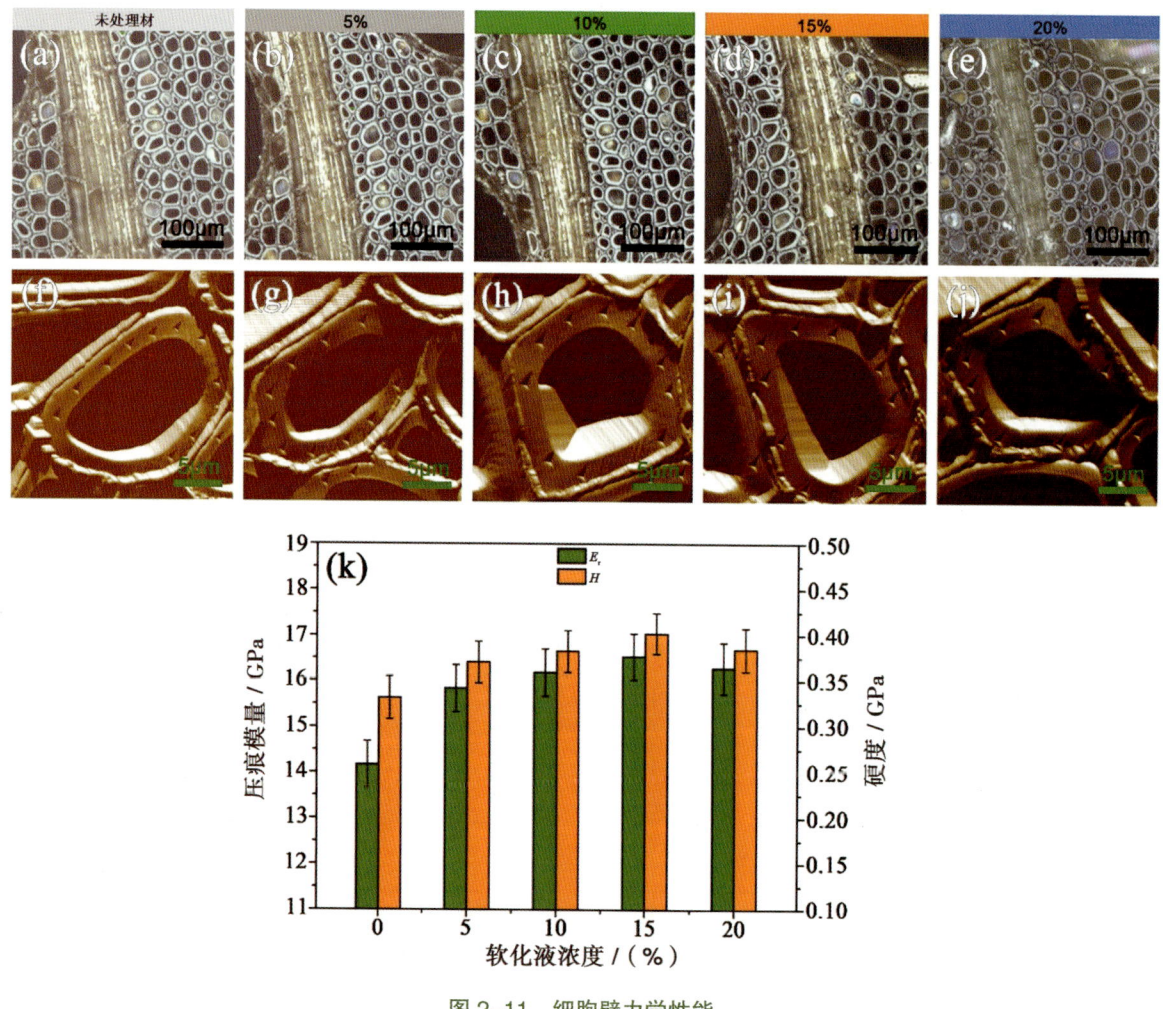

图 2-11　细胞壁力学性能

（a）～（e）横向截面的光镜图像，（f）～（j）细胞壁纳米压痕后的 SPM 图像，（k）压痕模量与硬度

这可以解释为:在软化液浸渍 – 蒸汽协同处理过程中,柚木中的纤维素、半纤维素和木质素的分子结构和含量均发生了不同程度的变化[138-139],从而影响了柚木细胞壁的力学性能。在试件干燥过程中,会出现纤维素结晶区部分的分子重新排列组合结晶化,木质素发生的缩合和交联反应,半纤维素降解形成的木聚糖和甘露糖以及非结晶区的聚合物有可能发生再结晶等情况,使处理材的相对结晶度增加,进而提高了细胞壁的力学性能[140-142]。

2.4.4　胶合性能研究

在曲木家具的加工制造过程中,构件与构件之间往往需要通过胶黏剂进行结合,以满足产品造型和结构的需要[143]。因此,材料的胶合性能优劣不仅关系到材料的适用范围,而且直接影响到家具产品的安全和使用寿命。将待测试件胶合在一起,使用胶黏剂为聚醋酸乙烯酯乳液,涂胶量为 $180\ g/m^2$,用 F 型夹具使胶合试件紧密贴紧,在室温 20℃ 的环境下陈放一周,使胶黏剂完全固化[144],然后对未处理材和处理材进行胶合剪切强度、木破率以及浸渍剥离率的试验比较分析,其试验结果如表 2-18 和图 2-12 所示。

表 2-18　未处理材与处理材的胶合性能

试件	胶合剪切强度 / MPa	木破率 / (％)	浸渍剥离率 / (％)
柚木未处理材	8.46	82.67	0.00
柚木处理材(软化液浓度 15%)	6.63	37.30	0.00

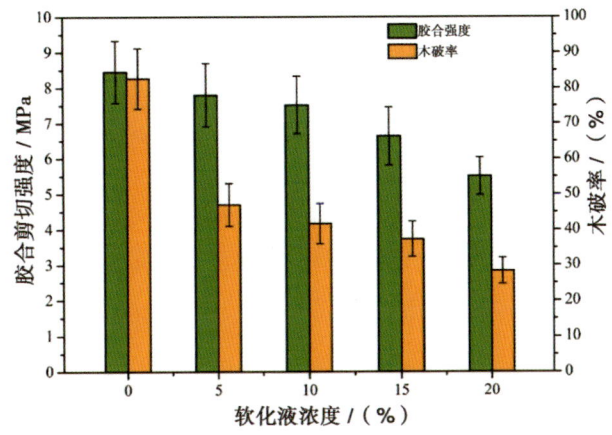

图 2-12　未处理材与处理材的胶合性能

通过表 2-18 和图 2-12 可以看出,柚木未处理材的剪切胶合强度为 8.46 MPa,而经过软化液浸渍 – 蒸汽协同软化处理后,其胶合剪切强度出现了不同程度的下降,其中软化液浓度 15% 时,处理材的胶合剪切强度为 6.63 MPa,比未处理材下降了 21.63%。这是由于胶黏剂能够在一定的压力条件下,较为均匀地渗入柚木的细胞孔隙之中,并在胶层固化后形成稳定的胶合界面结构,从而提高了柚木组件的胶合强度[145-146]。而柚木经过软化处理后,其主要化学成分纤维素和半纤维素发生了一定的降解,木质素发生重新胶结,在干燥之后柚木试件本身的韧性降低、脆性提高[147]。其次是柚木在软化处理过程中,纤维素分子链中的羟基发生脱水反应,半纤维素中亲水基团被破坏,使柚木的吸湿、吸水性和平衡含水率降低[148]。而聚醋酸乙烯酯乳液作为水溶性的胶黏剂,直接影响了处理材表面的渗透与黏合。因此,不同软化液处理之后的柚木,其胶合剪切强度随着软化液浓度的增加而逐渐下降,这与柚木处理材干缩湿胀的研究结果相吻合。柚木处理材的胶合剪切强度虽然有所下降,但根据日本结构用胶合木标准《集成材日本农林规格》(JAS 1152—2023)中的等级要求[149-150],其平均强度值可达到 IV 标准,能满足家具加工的要求。

另外,柚木未处理材和处理材的木破率为分别为 82.67% 和 37.30%,下降了 54.89%,表明柚木的木破率与胶合剪切强度具有正相关性,这主要是由于柚木处理材的化学成分发生了变化,进而影响到每组试件的胶黏程度[151]。虽然柚木处理材的胶合性能有所下降,但通过对胶合试件的浸渍剥离试验观察,其胶层剥离率均为零,说明使用聚醋酸乙烯酯乳液胶黏剂可以较好地将柚木试件胶合在一起。

2.5 本章小结

本章采用软化液浸渍－蒸汽协同处理的方式对柚木进行软化,以软化处理时间、软化处理温度和软化液浓度等工艺参数对柚木进行单因素试验,并与未浸渍材进行软化效果比较分析。根据浸渍材的软化效果,选取工艺参数影响较大的试件组进行响应面优化,从而获得了理想的软化工艺参数。

(1)经过单因素试验结果,软化处理温度、软化处理时间和软化液浓度对柚木软化弯曲性能均具有显著影响($P<0.05$)。响应面法工艺优化分析结果表明,当弯曲试件尺寸为 500 mm × 40 mm × 20 mm,采用软化处理温度 125 ℃,软化处理时间 175 min,软化液浓度 15% 时,试件的弯曲系数(h/r)为 1/9.26,软化效果最佳。

(2)验证试验结果表明,柚木的弯曲曲率半径为 199.6 mm(横向弦长 367 mm,纵向弦长 121 mm),弯曲系数为 1/9.98,成品率为 80%,与响应面分析的理论值 1/9.26 较为接近。因此,柚木在经过软化液浸渍－蒸汽协同处理条件下,弯曲性能得到明显改善,可以应用于曲木家具等产品的生产加工。

(3)围绕家具用材的性能要求,对柚木弯曲构件的物理力学性能和胶合性能进行了检测。结果表明,随着软化液浓度的增加,柚木弯曲构件的干缩率、湿胀率和弦长变化率呈逐渐降低的趋势;顺纹抗压强度、弯曲强度和硬度等宏观力学性能显示出先升高再降低的趋势,与细胞壁微观力学性能变化趋势相一致;胶合性能有所下降,但根据《集成材日本农林规格》(JAS 1152—2023),其强度值可以满足家具加工和使用的要求。

第 3 章 柚木弯曲构件的软化机理研究

3.1 引 言

目前,国内外对木材软化弯曲的研究主要集中在成型工艺上,缺乏从深层上揭示木材的软化机理。因此,采用现代检测与分析手段对柚木的化学结构变化及传热、传质变化规律进行分析尤为关键,这将为柚木的软化机理和弯曲技术提供科学的理论依据。

本章在第 2 章柚木弯曲构件最佳软化工艺的基础上,采用化学成分检测、傅里叶变换红外光谱仪、核磁共振波谱仪、X 射线光电子能谱仪和 X 射线衍射仪获得柚木软化处理前后化学成分、红外光谱、固体核磁共振波谱、化学元素和纤维素结晶度等变化,阐明柚木弯曲构件的软化机理。同时,根据柚木在协同处理条件下的软化过程,采用多物理场仿真软件构建软化液浸渍模型和热量传递模型,以分析软化液在柚木木材内部的浸渍特点和热量传递变化规律。

3.2 试验材料与方法

3.2.1 试验材料与设备

试验材料与设备同 2.2.1 节。

3.2.2 软化机理表征方法

1. 化学成分分析

选取未处理材和软化处理材,将其劈成大小适中的小木条,使用植物粉碎机将其粉碎,然后取 40~60 目的木粉,放入干燥箱中烘至绝干,供后续化学成分检测用。

柚木中的纤维素、半纤维素、木质素、冷水抽提物和热水抽提物的相对含量参考国家标准《纸浆 抗碱性的测定》(GB/T 744—2004)、《造纸原料综纤维素含量的测定》(GB/T 2677.10—1995)、《造纸原料酸不溶木素含量的测定》(GB/T 2677.8—1994)、《林业生物质原料分析方法 抽提物含量的测定》(GB/T 35816—2018)进行测试。

2. 傅里叶变换红外光谱分析

将绝干木粉样品与溴化钾(1∶100)进行研磨,使其混合均匀,然后使用傅里叶变换红外光谱仪(Bruker Tensor27, Germany)进行测试,扫描次数 64 次,测试范围 4000~400 cm⁻¹,分辨率为 4 cm⁻¹。

3. 核磁共振波谱分析

采用核磁共振波谱仪(Bruker AV300, Germany)测试样品的 ^{13}C 核磁共振波谱。试验采用交叉极化/魔角自旋法(CP/MAS),魔角自旋速度(MAS)为 10 kHz,接触时间为 2 ms,使用 4 mm 转子采集数据,累计扫描 1024 次。

4. X 射线光电子能谱分析

采用 X-ray photoelectron spectroscopy(XPS)(Escalab 250, USA)测定试件表面的化学元素及相对含量。仪器 X 射线源采用 Al Kα 微聚焦单色源(1486.6 eV),功率为 225 W,全谱扫描通能为 100 eV,窄谱扫描通能为 30 eV,步长为 0.05 eV,结合能校正以表面污染 C1s(284.8 eV)为标准。

5. 纤维素结晶度分析

将样品粉碎干燥至绝干,然后使用 X 射线衍射仪(BrukerD8, Germany)进行测试,测试角度为 2θ,扫描范围为 5°～40°,扫描速度 5°/min。根据 Segal 方法[152]分析试件的相对结晶度,通过公式(3-1)计算相对结晶度(C_r)。

$$C_r = (I_{002} - I_{am})/I_{002} \times 100\% \tag{3-1}$$

式中,I_{002} 为 22° 附近晶格衍射角极大强度;I_{am} 为 18° 附近非结晶区背景颜色的散射强度。

3.2.3　软化模型构建方法

为便于分析软化液浸渍 - 蒸汽协同软化过程中柚木内部的传热、传质过程,在研究中将软化过程的模型分析分为软化液浸渍模型和热量传递模型两部分。软化液浸渍模型属于流体渗透模型,反映液体在木材孔隙内的流动状态,主要用来说明在木材真空浸渍过程中,软化液从木材表面向内部迁移的过程。热量传递模型是反映热量在木材内部热量传导过程的变化规律,主要用来分析在软化过程中,饱和蒸汽通过热对流的传热方式将热量传递到木材表面,再逐渐传递到内部的温度场变化情况。

柚木软化过程示意如图 3-1 所示。图 3-1(a)为柚木各向异性的三维结构,图 3-1(b)为软化液渗透的过程,图 3-1(c)为柚木在饱和蒸汽介质下的热能软化过程及传递方向。根据软化液的渗透过程,确定相应的三维坐标相对关系,如图 3-1(d)所示,并进一步构建软化液渗透模型,在对模型进行求解前先进行以下若干物理简化和合理假设。

(1) x 轴为柚木的弦向方向,y 轴为纵向方向,z 轴为径向方向,柚木为多孔连续介质,在 y 轴方向为多组导管并联的连续管道组织结构,L_x、L_y、L_z 为渗流域的 x、y、z 方向的长度。

(2)软化液渗透遵循线性达西定律(Darcy's law)。

(3)软化液渗透为饱和渗透,忽略重力作用。

(4)边界位置的软化液流速小,可忽略边界位置的速度水头,仅考虑压力水头。

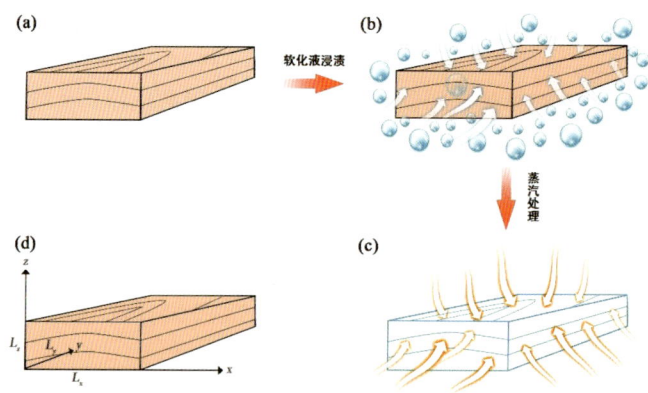

图 3-1　柚木软化过程示意

（a）三维结构，（b）软化液渗透，（c）饱和蒸汽的热能传递，（d）三维坐标的相对关系

　　根据工艺流程要求,经过软化液浸渍后的柚木将被置入软化试验罐中进行饱和蒸汽软化处理,此过程为热量传递阶段。木材作为均匀多孔介质材料,在三个方向都将发生热量传递,在构建模型时将作出以下合理假设。

　　(1)柚木为均匀材料,在长度(y)、宽度(x)、厚度(z)方向上均对称,即柚木在加热过程中各方向上的热量传递均匀。

　　(2)柚木的径向与弦向的导热系数差异不大,可认为两者相同,统称为横向导热系数(λ_R);纵向导热系数(λ_L)为横向导热系数的 1.5～2.75 倍,在此取 2 倍,即 $\lambda_L=2\lambda_R$。

　　(3)加热介质在加热过程中温度恒定。

　　(4)在加热过程中,柚木结构与特性均不发生改变。

　　(5)柚木在加热过程中尺寸无变化。

3.3　软化机理研究

　　木材作为一种天然高分子材料,主要由纤维素、半纤维素和木质素组成,其组分中含有丰富的 –OH 和多种活性官能团,易于与活性基团形成较为稳定的化学结构[73]。为了探究柚木经过软化处理之后官能团的变化,对未处理材和处理材进行化学成分、FTIR、^{13}C NMR、XPS、XRD 等表征分析,探究软化液与柚木化学成分之间的结合机理。

3.3.1　化学成分分析

　　在木材细胞壁的化学成分中,纤维素所占的比例最大,结构比较稳定,它影响着木材的强度,而半纤维素和木质素则属于非结晶物质,结构稳定性较弱。柚木在软化处理过程中,化学成分的变化将影响着木材的软化性能及干燥定型后的力学性能。因此,为了更好地研究软化液浸渍 – 蒸汽协同处理对柚木主要化学成分的影响,对木材进行化学成分测试。未处理材和处理材柚木的纤维素、半纤维素、木质素以及抽提物的变化如表 3-1 和图 3-2 所示。

表 3-1　未处理材与处理材主要化学成分相对含量

试件	纤维素 /（%）	半纤维素 /（%）	木质素 /（%）	苯醇抽提物 /（%）	热水抽提物 /（%）
未处理材	44.87	20.28	28.33	4.85	9.32
处理材	35.67	11.36	34.44	3.98	8.31

　　由表 3-1 可知,处理材较未处理材的化学成分发生了较为显著的变化,其中处理材的纤维素、半纤维素、苯醇抽提物、热水抽提物的相对含量均低于未处理材,而木质素的相对含量则高于未处理材。

　　与未处理材相比,柚木经过软化处理后,纤维素和半纤维素出现了不同程度的降解,其中纤维素相对含量下降了 20.50%,半纤维素相对含量下降了 43.98%。半纤维素的降解幅度最大,这主要是由于碱性软化液浸渍和饱和蒸汽处理过程中,其耐碱耐热性能较弱[153-154]。半纤维素的降解,会使其内部大量的亲水基团羟基 –OH 被破坏,形成憎水新物质,因此降低了柚木的吸湿吸水性和平衡含水率,提高了尺寸稳定性[155]。试验还显示柚木在软化处理后,纤维素降解程度明显低于半纤维素,这主要是由于木材纤维素中不仅具有非结晶区,还存在具有一定强度的结晶区,具有较强的耐热、耐碱性能。

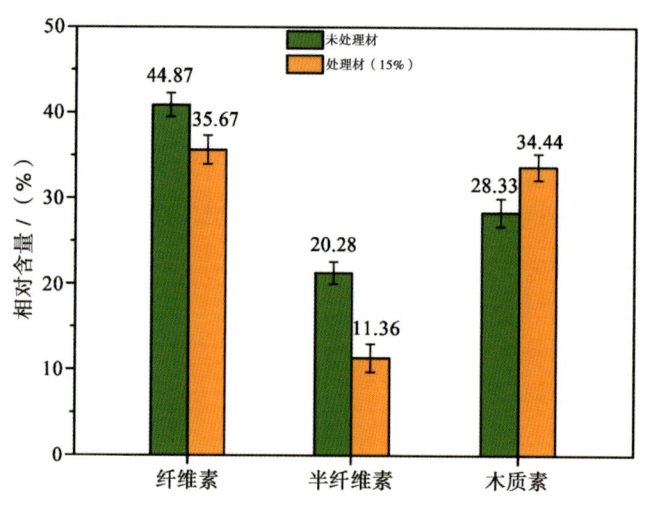

图 3-2　软化处理前后柚木化学成分的变化

未处理材中木质素的相对含量为 28.33%，处理材中木质素的相对含量为 34.44%，相对含量提高了 21.57%。在软化处理过程中，柚木内部其实并不会产生新的木质素，只是其在木材中的比重出现了提升[156]，发生这种变化趋势的主要原因是：木质素相对于综纤维素稳定性较强，降解比例较低，从而使相对含量增加。同时，柚木在高温高湿软化条件下，会产生大量的酚羟基基团，使木质素中的愈创木基和紫丁香基的甲氧基发生脱甲氧基化反应，进而增强木材细胞壁的缩聚反应以及交联程度，提高了木质素的稳定性[157-158]。综纤维素的降解，尤其是半纤维素的大量降解，易产生糠醛化合物，并与木质素发生反应生成树脂类化合物，其具有一定的胶合作用，在木质素含量的测试过程中，不易与酸水解溶液分离，从而提高了木质素的相对含量。

根据国家标准，对柚木软化处理后的抽提物进行相对含量的检测，其中热水抽提物的相对含量最大，其次是苯醇抽提物。与未处理材相比，处理材中热水抽提物和苯醇抽提物的相对含量分别降低了 10.84%、17.94%。软化处理之后的柚木，其抽提物呈现下降趋势，可能与柚木在软化处理过程中抽提物的降解、溶出和挥发等有着直接的关系[159]。

在软化处理过程中，柚木化学成分对软化液浸渍和高温高湿条件的敏感程度不同，使化学成分出现了不同程度的降解，尤其是半纤维素出现了更高比例的降解。半纤维素降解生成的木聚糖和甘露糖、纤维素分子链的重新排列组合、木质素的缩合和交联反应等综合作用，将使木材在宏观上表现出不同的物理力学性能[141,160]。纤维素作为木材的"骨架"，在一定的软化条件下，会使纤维素结晶度提高，增强木材的聚合力，但随着软化液浓度的增加，热处理温度和时间的延长，纤维素分子链会出现断裂，使木材的力学强度下降。半纤维素作为木材细胞壁的"黏合剂"，在软化过程中降解最为明显，但降解之后形成的多糖容易在冷却之后具有再结晶的可能[161]，提高了木材的结晶度及力学性能，但超过一定条件之后，其抗压强度、抗弯强度等力学性能则会出现不同程度的下降，这可以用来解释第 2 章中弯曲构件力学性能变化的原因。另外，木质素作为细胞壁的"结壳物质"，在化学成分中稳定性较强，但在软化处理过程中发生的缩合反应，会使柚木的韧性变差。

3.3.2　官能团变化分析

柚木软化液主要由蒸馏水、TEA、渗透剂 NaCl 和表面活性剂 SDBS 按照一定的比例配制而成，其中蒸馏水与 TEA 的质量比例为 100：15，NaCl：SDBS：TEA= 1：1：7。软化液浸渍 - 蒸汽协同处理过程，会对木材的化学成分和表面性质产生一定的影响，从而改善其软化弯曲性能。为了研究柚木软化处理后的性能，采用傅里叶变换红外光谱仪测试试件的官能团变化,以探析柚木的软化机理。

图 3-3 为软化处理前后柚木的红外光谱图。在经过软化处理之后,软化液中的主要成分与柚木中的纤维素、半纤维素、木质素等发生了叠加、接枝与交联反应,这些反应使未处理材与处理材在红外光谱中显示出不同的衍射强度[162]。在 3410 cm^{-1} 处的特征峰主要由木材表面的 O-H 伸缩振动引起,软化处理材的特征峰明显变强,这可能是因为软化液中的官能团与柚木中的官能团发生了叠加或相互反应,促进线状纤维素分子间产生了较强的分子缔合,增加了试材的相对结晶度[163]。在 1598 cm^{-1}、1072 cm^{-1} 处出现了两个新的特征峰,分别是由 N-H 弯曲振动和 C-N 伸缩振动引起,说明软化液中的氮与柚木中的纤维素、木质素分子之间发生了接枝和交联[164],形成了新的结构。与此同时,在 2921 cm^{-1}、1460 cm^{-1} 和 885 cm^{-1} 处的特征吸收峰也都得到了加强,这三处峰分别由甲基和亚甲基中的 C-H 伸缩振动、木质素与木聚糖中的 -CH$_2$ 形变振动和烯烃 C-H 面外弯曲振动引起,这是由于柚木经过软化处理之后,纤维素结晶区表面微纤丝羟基裸露,增强了分子的活性。另外,在 1030 cm^{-1} 处吸收峰出现了明显的变化,主要归因于软化液呈碱性,使化学组分中的纤维素和木质素发生了一定程度的降解反应,提高了柚木的软化效果。红外光谱吸收峰的归属如表 3-2 所示。

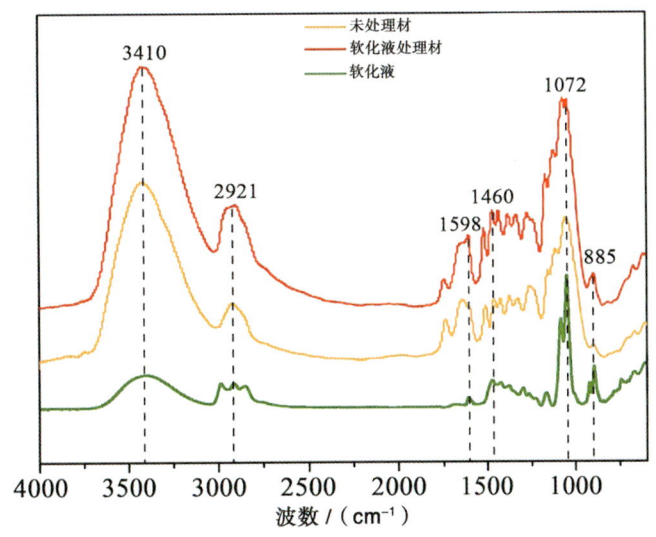

图 3-3　软化处理前后柚木的红外光谱图

表 3-2　红外光谱吸收峰的归属

序号	波数 / (cm^{-1})	吸收峰归属
1	3410	羟基中的 O-H 伸缩振动
2	2921	甲基、亚甲基中的 C-H 伸缩振动
3	1740	酯类、酮类、醛类和酸类的 C=O 伸缩振动
4	1642	木质素共轭羰基 C=O 伸缩振动
5	1598	苯环骨架伸缩振动和 C=O 伸缩振动
6	1510	苯基伸缩振动
7	1460	木质素与聚木糖中的 -CH$_2$ 形变振动
8	1425	苯环骨架结构与 C-H 键振动
9	1374	甲基中和酚上的 C-H 弯曲振动

序号	波数 / (cm⁻¹)	吸收峰归属
10	1328	紫丁香核
11	1260	C–O–C 伸缩振动
12	1122	C–O 伸缩振动
13	1072	C–H 伸缩振动
14	1030	脂肪族醚中的 C–O 伸缩振动
15	885	烯烃 C–H 面外弯曲振动

3.3.3 碳谱核磁变化分析

碳原子是构成有机化合物和聚合物的骨架，^{13}C NMR 谱是材料结构分析中最为常用的工具之一。其中固体核磁共振波谱，即交叉极化 / 魔角自旋的核磁共振波谱(CP/MAS NMR)，是以木材固体粉末试件进行分析的核磁共振技术[165]。通过 MAS 方法消除化学位移各向异性引起的谱线加宽，采用 CP 方法增加 ^{13}C 信号强度，从而实现木材高分辨率的 NMR 测试。

图 3-4 和表 3-3 为软化处理前后柚木的 ^{13}C NMR 谱图及相关谱峰的归属。经过软化处理后，柚木的 ^{13}C NMR 谱图部分特征峰发生了明显变化。在谱图上的 58.8 ppm 和 55.8 ppm 处出现了新的特征峰，其主要源自软化液中 TEA 的主要化学成分，说明柚木经过软化液的处理之后，N 已经成功进入木材的细胞壁中。对比发现，改性柚木 NMR 谱图上的 104.7 ppm、83.6 ppm、74.5 ppm、72.1 ppm 和 62.3 ppm 特征峰的强度较未处理材有所降低，104.7 ppm 代表纤维素 C1，83.6 ppm 和 62.3 ppm 分别源自纤维素非结晶区的 C4 和 C6，74.5 ppm 和 72.1 ppm 归属于纤维素和半纤维素中的 C2、C3 和 C5[166]，这说明柚木经过软化液处理之后，其半纤维素和纤维素已发生了降解。同时，在化学位移 172.1 ppm、170.9 ppm 和 20.9 ppm 处的吸收峰几乎消失，其中 172.1 ppm 和 170.9 ppm 代表半纤维素乙酰基中的甲基碳和羧基碳，而 20.9 ppm 归属于木材半纤维素乙酰基中的甲基碳[167]，这表明柚木在软化处理中发生了碱性水解而导致部分乙酰基的脱除[168]。同时，柚木半纤维素的降解，使活性羟基数量减少，降低了木材的吸湿性，改善了木材的尺寸稳定性。

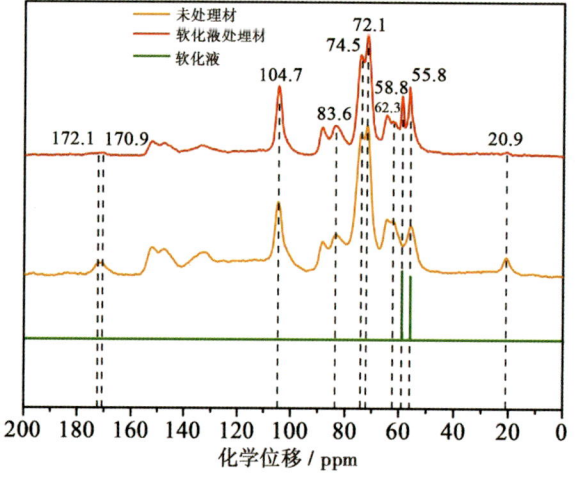

图 3-4 软化处理前后柚木的 ^{13}C NMR 谱图

表 3-3　软化处理前后柚木的 ^{13}C NMR 特征峰及其归属 [169–170]

峰号	化学位移 / ppm	核磁谱峰归属
1	172.1	CH₃–COOR（半纤维素）
2	170.9	CH₃–COOR（半纤维素）
3	151.7	G3（木质素）
4	147.5	G4（木质素）
5	118	G5（木质素）
6	112	G2（木质素）
7	104.7	C1（纤维素）
8	88.9	C4（纤维素结晶区）
9	83.6	C4（纤维素非结晶区）
10	74.5	C2、C3 和 C5（综纤维素）Cα（木质素）
11	72.1	C2、C3 和 C5（综纤维素）
12	62.3	C6（纤维素非结晶区）
13	58.8	TEA 谱峰
14	55.8	TEA 谱峰
15	20.9	CH₃–COO–（半纤维素）

3.3.4　化学价态分析

为进一步分析软化液与柚木主要分子之间的结合状态，采用 XPS 对试件的化学元素价态进行分析。XPS 是分析材料化合物的元素组成和化学状态较为常用的表征手段，它是通过 X 射线与木材样品表面发生作用，利用能量分析器，获得材料的电子结合能(binding energy)。在化学组分上，木材主要由纤维素、半纤维素和木质素三种化合物组成，其元素主要有碳(C)、氧(O)和氢(H)三种，软化液与木材的主要元素结合会呈现不同的化学价态，因此通过 XPS 对软化处理前后的试材进行分析。

图 3-5 为软化处理前后柚木的 XPS 谱图。其中，图 3-5(a) 为软化处理前后柚木的 XPS 宽扫描总谱图以及主要元素成分变化，处理材表面主要由 C、O、N 元素组成，其电子结合能分别为 285～290 eV、535 eV 和 398～400 eV，由于软化液的渗入，O 元素和 N 元素含量升高。图 3-5 [(b)～(c)] 为处理材的 C1s 和 O1s 的 XPS 谱图，由图可知，C1s 由三个不同的峰拟合而成，分别位于 285 eV 处的 C–C、286 eV 处的 C–O–C、288.5 eV 处的 C=O[171-172]，O1s 峰由两个不同的峰拟合而成，分别位于 531.5 eV 处的 C–O、533 eV 处的 C=O[173]。图 3-5(d) 显示了 N1s 的 XPS 谱图，C–NH₂ 和 C–N 的结合能分别位于 399.8 eV、398.5 eV[174-175]，主要源于软化液中 TEA 与木材化学组分的结合，这与 FTIR 分析结果相吻合。TEA 分子量比较低且具有一定的极性，在一定的压力条件下能够渗入木材的细胞壁中，然后蒸汽热处理中分解出氮化合物，进而使柚木润胀并达到软化的效果。此外，在 XPS 谱图中还出现了 Na1s、Cl2p、S2p 的特征峰，表明软化液中的 NaCl 和 SDBS 作为渗透剂和表面活性剂，在真空浸渍与蒸汽条件下也能够进入木材内部，从而提升木材的软化效果。

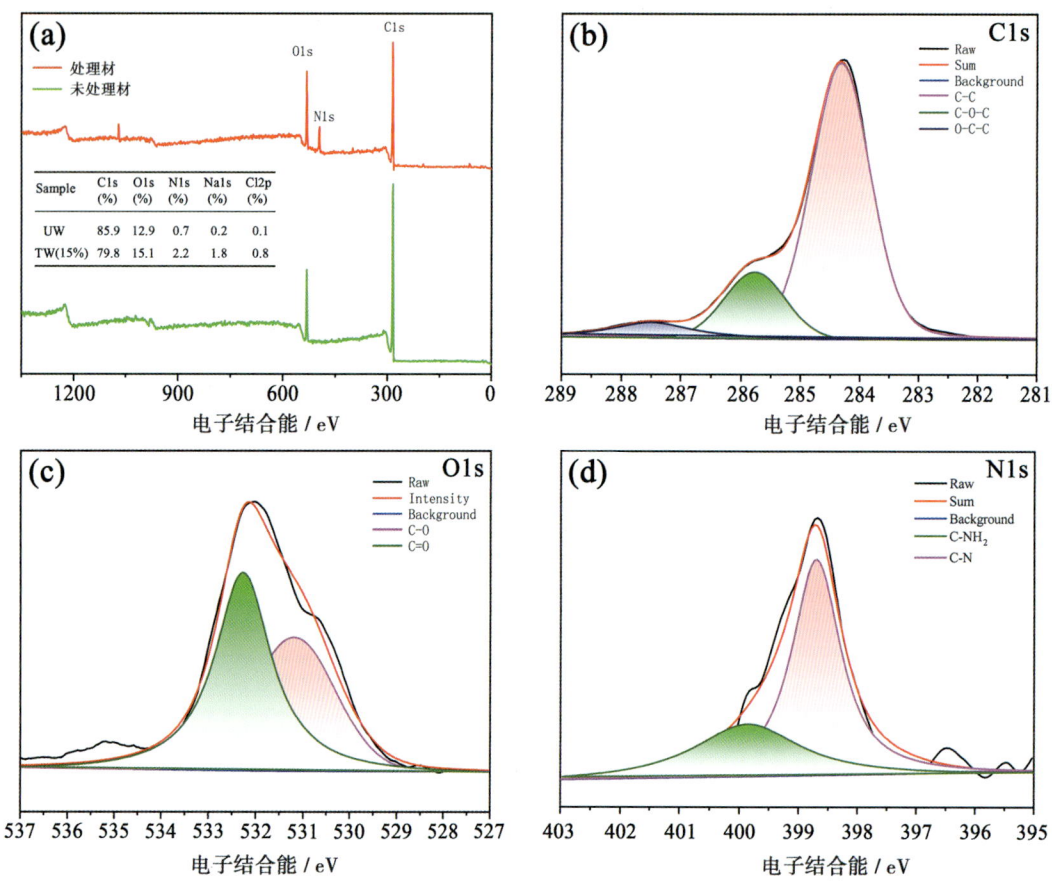

图 3-5　软化处理前后柚木的 XPS 谱图

3.3.5　纤维素结晶度分析

利用 XRD 测试纤维素结晶度,是利用 X 射线照射木材样品,测定入射角 θ 和相应的 X 射线衍射强度。在测试中,以 2θ 为横坐标,X 射线为纵坐标,测试出射线衍射强度曲线[176]。纤维素中的结晶区所占纤维整体的百分比称为木材的结晶度,它表示纤维素聚集时形成结晶的程度。在纤维素中的结晶区,纤维素分子链的排列定向有序,具有较强的规整性,依靠侧面的氢键缔合形成一定的晶格,并呈现出清晰的 X 射线衍射谱图。纤维素赋予木材以强度,当内部中的结晶度提高时,木材的硬度、抗压强度、尺寸稳定性等性能会相应提高,而吸湿性、润胀度、化学反应活性等性能会随之降低[177]。

图 3-6 为软化处理前后柚木的 XRD 谱图。根据 Segal 方法计算获得:未处理材的晶面相对结晶度为 42.31%,处理材的晶面相对结晶度为 44.94%。柚木经过软化处理之后,结晶度提高了 2.63%。同时,柚木的 XRD 衍射强度发生了一定变化,尤其 002 峰位趋于高而尖,表明试材的晶面间距变小,相对结晶区变大,结晶度提高,导致木材的硬度、强度和尺寸稳定性等物理力学性能也随之提高[160,178],这也与前期测试的柚木力学试验结果相一致。这主要是因为:柚木在协同软化处理过程中,分子之间的体积和能量逐渐增大,纤维素分子链的链段运动加强,易于形成新的氢键,同时碱性软化液引起了纤维素、半纤维素和木质素的降解以及纤维素上的羟基和水分子上的羟基断裂[57]。而在协同软化处理之后的干燥过程中,半纤维素的降解产生的木聚糖和甘露糖有再次结晶的可能性,更重要的是,纤维素分子链之间形成了新的氢键以及木质素的交联反应,促进了新结晶区的生成,提高了纤维素结晶度。另外,软化液呈碱性,且分子量较低,可以渗入纤维素结晶区,对柚木结晶度的提高也会产生一定的影响。

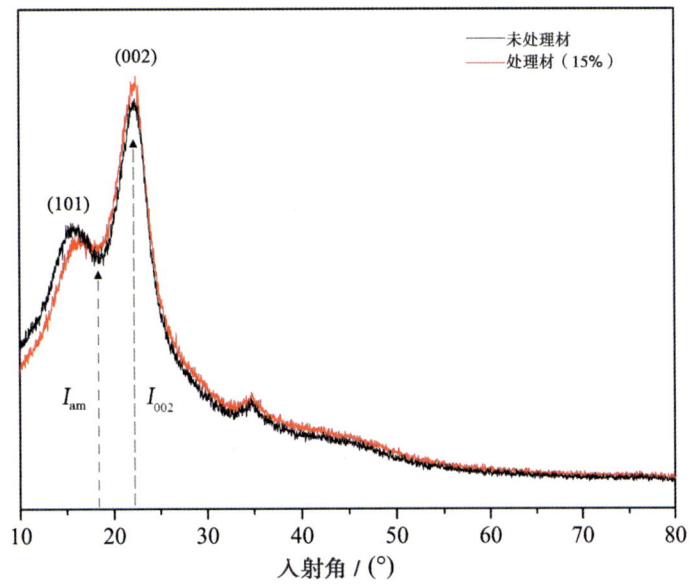

图 3-6 软化处理前后柚木的 XRD 谱图

通过上述分析,结合 FTIR、^{13}C NMR、XPS 和 XRD 谱图可知,柚木木材经过软化液的浸渍之后,软化液中的 –NH$_2$ 与柚木中的官能团发生了结合,增强了分子的活性,使木材的可塑性增强。同时,软化液呈碱性,对柚木中的结晶区和非晶区具有一定降解作用。在饱和蒸汽的协同作用下,木材上的活性基团被激活,形成了 C–NH$_2$ 和 C–N 键,使纤维素的结晶区发生润胀,从而提升了柚木的软化弯曲性能。

3.4 软化模型构建

3.4.1 软化液渗透模型的构建

1. 创建几何模型

为便于模型可视化,柚木内部的软化液传质过程可以简化为 1/8 的 3D 模型,如图 3-7 所示。边界面 CDEF、OADE 和 ABCD 为对称边界面,对称边界面上不发生物质迁移;边界面 BCFG、OABG 和 OEFG 为与软化液接触的边界面,发生传质现象,软化液从此类边界面渗入木材。

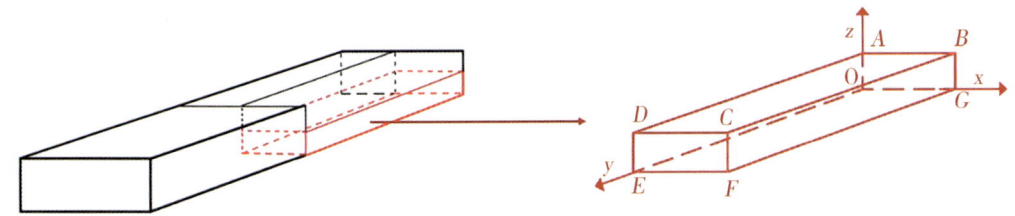

图 3-7 木材简化 3D 模型(1/8)

2. 传质方程

软化液渗透过程可看作自由水在多孔连续介质域内的有压渗流过程,该过程可以用达西定律公式(3-2)

表示。

$$\frac{\partial}{\partial t}(\rho\varepsilon) + \nabla \cdot (\rho u) = Q_m \tag{3-2}$$

同时,模型中还应考虑软化液的溶质迁移,可通过公式(3-3)表示。

$$\frac{\partial c}{\partial \tau} = D\left(\frac{\partial^2 c}{\partial x^2} + \frac{\partial^2 c}{\partial y^2} + \frac{\partial^2 c}{\partial z^2}\right) \tag{3-3}$$

3. 初始条件及边界条件

(1)边界条件。

边界面 $CDEF$、$OADE$、$ABCD$ 为对称边界,其边界条件用公式(3-4)表示。

$$x=0.5L_x : P=P_0 ; C=C_0$$
$$y=0.5L_y : P=P_0 ; C=C_0 \tag{3-4}$$
$$z=0.5L_z : P=P_0 ; C=C_0$$

边界面 $BCFG$、$OABG$、$OEFG$ 为渗透面边界,其边界条件用公式(3-5)表示。

$$x=0 : P=P_{in} ; C=C_{in}$$
$$y=0 : P=P_{in} ; C=C_{in} \tag{3-5}$$
$$z=0 : P=P_{in} ; C=C_{in}$$

式中,P_{in} 为在软化液渗透过程中外部施加的压力;P_0 为木材内部的初始压力;C_{in} 为软化液浓度;C_0 为木材内部初始阶段的软化液浓度。

(2)初始条件。

初始条件为初始时间,即软化液渗透开始时木材内部的软化液浓度分布为 C_0,用公式(3-6)表示。

$$C(x,y,z)=C_0 \tag{3-6}$$

4. 软化液渗透模型的求解

根据表3-4基本物理参数,利用多物理场仿真软件 COMSOL Multiphysics 对上述模型进行求解,随后对求解结果进行校对、分析和输出。

表 3-4　软化液渗透过程的基本物理参数

参数	单位	取值
软化液密度	kg/m³	1000
木材孔隙度	%	9～25
软化液动力粘度	Pa·s	1.01×10^{-3}
软化液浓度 C_{in}	mol/L	1.13
P_{in}	MPa	0.5
P_0	MPa	0

根据 COMSOL Multiphysics 的数值分析结果,由通用后处理器以浓度云图的形式进行展示,如图 3-8～图 3-10 所示。由图 3-8 可知,在软化液浸渍过程中,柚木木材内部的软化液分布量呈现出由外向内的递减规律,而在同一水平面上的软化液分布量较为一致。如图 3-9 所示,柚木木材内部软化液分布量随时间的延长呈现增长的趋势,同时其增长速率逐渐减慢直到平缓并达到浓度的极限值。值得注意的是,软化液分布量在软化开始的瞬间有一个极速增长期,为解释其原因,对此瞬间的木材进行了三切面的分层云图分析,如图 3-10 所示。由图 3-10 可知,在加压浸渍渗透瞬间,柚木木材三切面表层的软化液分布量迅速上升,远高于内部的软化液分布量,导致软化液分布量显著增加。这主要是因为木材作为一种多孔介质材料,有多尺度的孔隙结构用于容纳软化液,在外部压力下,软化液受压迅速进入木材端面的导管结构之中,从而使软化液分布量显著增长。在后续的浸渍过程中,在恒定压力作用下,软化液不断渗入木材,直到充满各级孔隙结构。

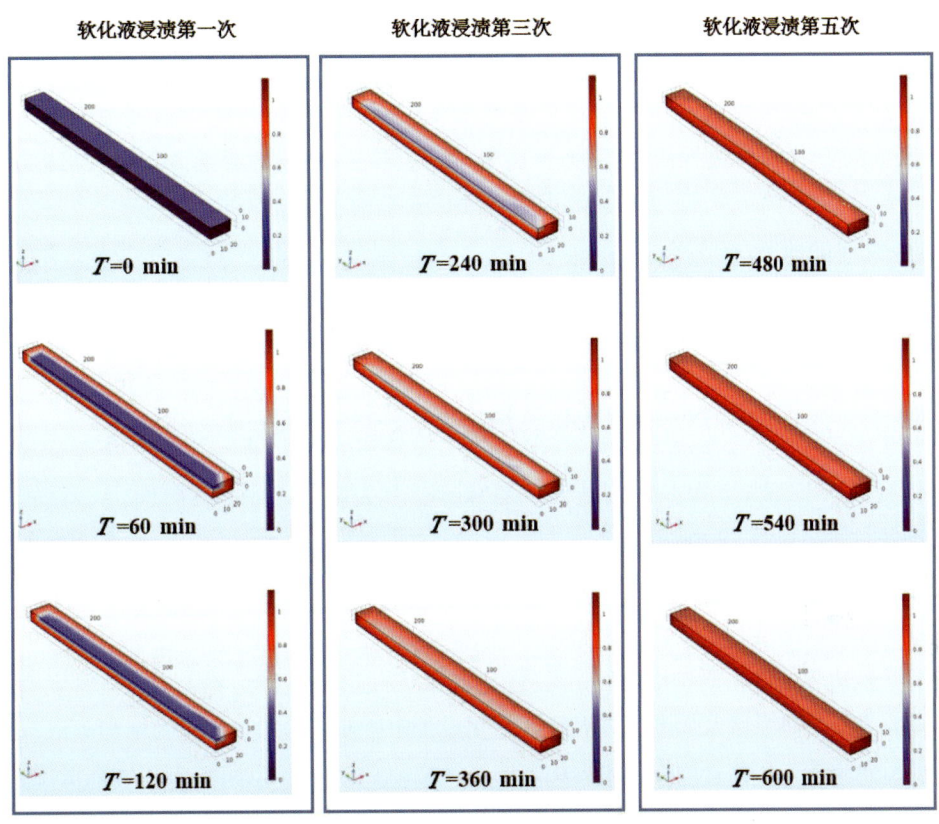

图 3-8　柚木内部的软化液分布量云图

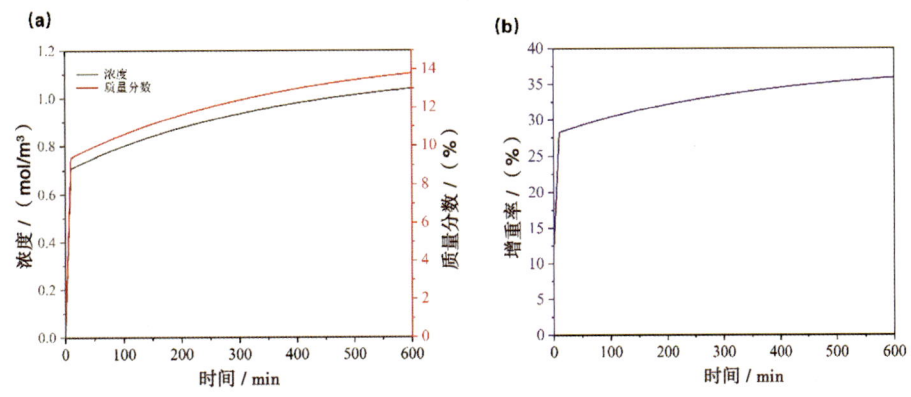

图 3-9　浸渍过程中软化液分布量及增重率的趋势图

（a）软化液分布量,（b）增重率

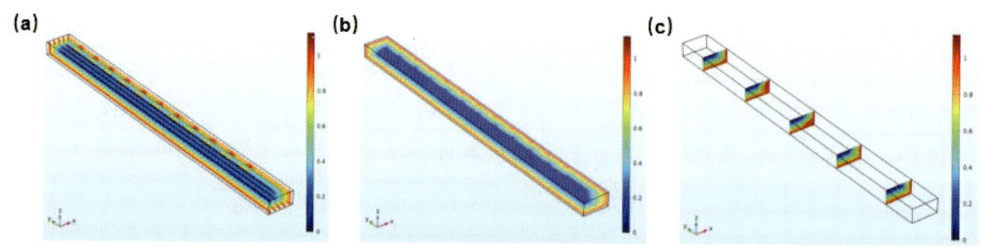

图 3-10　柚木软化开始瞬间的软化液分布云图

（a）弦向，（b）径向，（c）纵向

3.4.2　热量传递模型的构建

1. 木材模型简化

柚木软化过程中热量传递的几何模型可以简化为 1/8 的 3D 模型，与软化液浸渍模型相一致。边界面 $CDEF$、$OADE$ 和 $ABCD$ 为对称边界面，对称边界面上不发生热量交换；边界面 $BCFG$、$OABG$、和 $OEFG$ 为饱和蒸汽接触的边界面，为传热边界面，热量从此类边界面传递至柚木木材内部。

2. 导热微分方程的建立

根据假设条件，此传热过程为三维非稳态导热，基于傅里叶定律和能量守恒定律建立了三维热传导微分方程，见公式（3-7）。

$$\rho c \frac{\partial t}{\partial \tau} = \frac{\partial}{\partial x}\left(\lambda_R \frac{\partial t}{\partial x}\right) + \frac{\partial}{\partial y}\left(\lambda_L \frac{\partial t}{\partial y}\right) + \frac{\partial}{\partial z}\left(\lambda_R \frac{\partial t}{\partial z}\right) \tag{3-7}$$

式中，ρ 为木材的密度，kg/m^3；c 为木材的比热容，$J/(kg\cdot K)$；t 为温度，$^\circ C$；τ 为时间，s；λ_R 为横向导热系数，$W/(m^2\cdot ^\circ C)$；λ_L 为纵向导热系数，$W/(m^2\cdot ^\circ C)$。

3. 初始条件及边界条件

（1）边界条件。

导热问题的常见边界条件主要包括以下三类：规定边界上的温度、规定边界上的热流密度值、规定边界上物体与周围流体间的表面传热系数及周围流体温度。软化过程中所使用的加热介质为饱和蒸汽，是一种常见的气态加热介质。气态介质能为软化处理提供较为均匀的热环境，利用热对流的传热方式将热量传递至柚木木材表面，这属于第三类边界条件，规定了柚木木材传热边界面与饱和蒸汽的传热系数 h 以及饱和蒸汽的温度 T_1。

边界面 $CDEF$、$OADE$、$ABCD$ 为对称边界面，为热绝缘状态，用公式（3-8）表示。

$$-\lambda \nabla T = 0 \tag{3-8}$$

边界面 $BCFG$、$OABG$、$OEFG$ 为传热边界面，其对流通量见公式（3-9）。

$$-\lambda \nabla T = h[T_\omega - T_f(t)] \tag{3-9}$$

式中，h 为对流换热系数，$W/(m^2\cdot K)$；T_ω 为木材表层温度，K；$T_f(t)$ 为加热介质温度，K，其是随时间变化的函数，可通过实时监测获取。

（2）初始条件。

初始条件为木材软化过程的起点，即软化处理计时开始时木材内部的温度分布（T_0），见公式（3-10）。

$$T(x,y,z,0) = T_0 \tag{3-10}$$

4. 模型参数

柚木软化处理过程使用的基本参数如表 3-5 所示。柚木木材的密度可通过实际测量获得，比热容 $c(t)$ 按公式(3-11)计算获得。

$$c(t) = \frac{1229.4 + 6.714t + 41.87w}{1 + 0.01w} \qquad (3-11)$$

式中，w 为木材的含水率，%；t 为温度，℃。

表 3-5　柚木软化处理过程使用的基本参数

参数	单位	取值
初始温度 T_0	℃	20
介质温度 T_1	℃	100/110/120/130/140
木材的密度 ρ	kg/m³	577
横向导热系数 λ_R	W/(m·K)	0.28
纵向导热系数 λ_L	W/(m·K)	0.56
对流换热系数 h	W/(m²·K)	13~30
比热容 c	J/(kg·K)	$c(t)$

5. 热量传递模型的求解

将上述模型导入 COMSOL Multiphysics 进行求解，将求解后得到的结果利用通用后处理器进行校对、分析和输出。在软化处理过程中，柚木木材内部温度场分布情况以温度云图的形式表示，如图 3-11 所示。

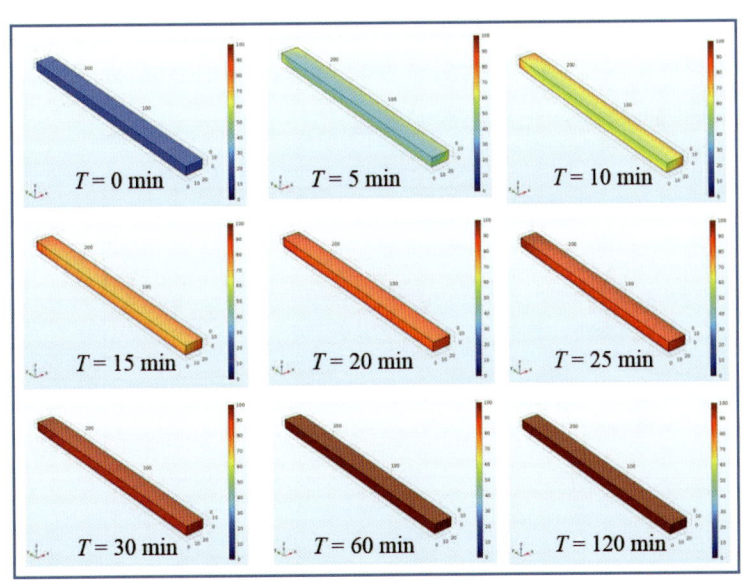

图 3-11　柚木木材内部温度场分布情况（以 100℃ 为例）

由温度云图可知，柚木木材内部温度场分布规律与浸渍过程中内部软化液浓度分布规律相类似。在软化处理初期阶段，柚木木材内部温度场呈现出较为明显的由外向内温度逐渐递减的规律，随着处理时间的延长，内外层温度差异逐渐减小，直到整块柚木的温度场均匀分布。

　　浸渍过的柚木木材接触高温蒸汽,其表面迅速升温,与内层形成温度差,热能从温度高的地方往温度低的地方传递,在木材内部形成外高内低的温度梯度,即木材中心点位置温度变化最为缓慢。根据软化过程,软化处理分为预热阶段及保温软化阶段。预热阶段指的是整块柚木木材达到介质温度的时间,即木材中心点温度达到最终平衡温度的时间;保温软化阶段则是木材软化处理的有效阶段,木材中的软化液与热能及蒸汽的协同作用,通过改变木材的化学成分及结构达到软化的效果。

　　利用通用后处理器参数化扫描模块,获得在不同介质温度条件下,柚木木材内部中心点的温度变化曲线图,并计算得出相应介质温度条件下预热阶段时间,如图 3-12 所示。由图可知,介质温度变化不影响木材内部整体温度变化的规律,且当介质温度大于 100 ℃时,随着介质温度的升高,预热时间则相应增加,软化液有效软化处理时间就越短。

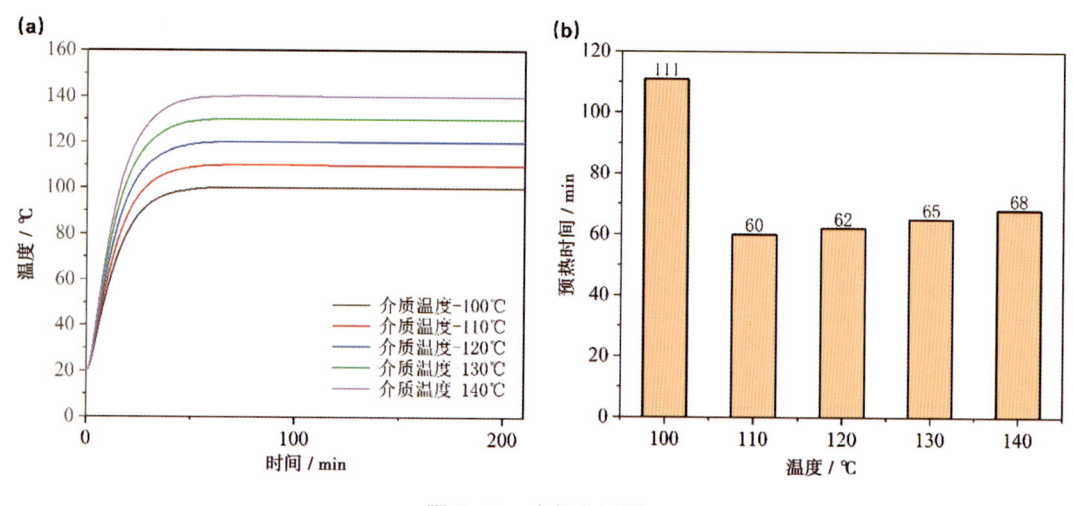

图 3-12　变化分析图

(a)中心点的温度 – 时间变化图, (b)预热时间图

　　依托于本节建立的传热模型,调整介质温度为第 2 章响应面工艺优化的最佳介质温度参数(即 125 ℃),获得介质温度条件下柚木木材内部温度变化规律,如图 3-13 所示。利用通用后处理器工具可计算出最佳介质温度条件下柚木木材预热时间为 62 min。

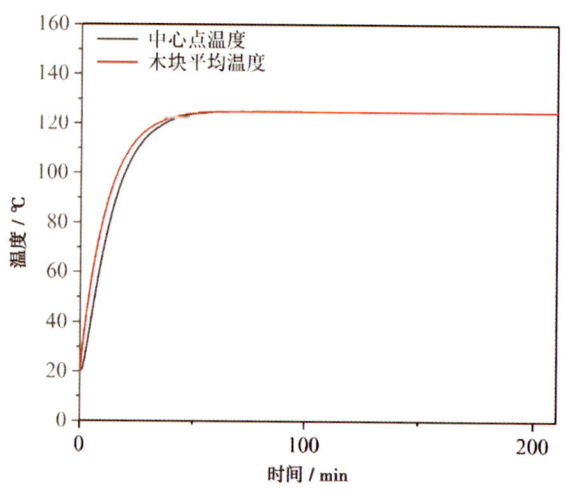

图 3-13　介质温度为 125℃时柚木木材内部温度变化曲线

　　基于以上分析,软化液的浸渍是通过外部压力将软化液充盈在柚木木材的各级孔隙内,为实现木材软化提供足够的软化液粒子及位点。蒸汽软化处理是将充盈着软化液的木材置入高温饱和蒸汽软化试验罐中,在软

化液与蒸汽共同作用下对柚木进行协同处理,实现了木材软化。通过软化液浸渍模型和热量传递模型,揭示了软化液的浸渍规律和热量传递变化规律,为生产实践提供了理论支撑。

3.5　本 章 小 结

本章以柚木未处理材和软化液浸渍－蒸汽协同软化处理材为试验对象,采用化学成分检测、傅里叶变换红外光谱仪(FTIR)、核磁共振波谱仪(^{13}C NMR)、X 射线光电子能谱仪(XPS)和 X 射线衍射仪(XRD)等检测技术与手段,分析了试件处理前后化学成分、官能团、化学位移、化学价态、结晶度等的变化,揭示了柚木弯曲构件的软化机理。主要研究结论如下。

(1)阐明了软化液浸渍－蒸汽协同处理柚木的软化机理。在软化处理过程中,软化液不仅进入柚木纤维素、半纤维素和木质素的非结晶区,还渗入了纤维素的结晶区,从而引起主要化学成分的降解,同时,在蒸汽条件作用下,纤维素分子链之间距离加大,结合度降低,从而改善了木材的软化性能。通过红外光谱、核磁共振、电子能谱和 X 射线衍射分析表明,协同软化处理使软化液中的官能团与柚木中的化学成分发生了反应,引起纤维素结晶区表面微纤丝羟基裸露,提高了分子活性,改善了软化性能。

(2)构建了软化液浸渍－蒸汽协同处理柚木的软化模型。根据柚木的传热传质过程,采用多物理场仿真软件 COMSOL Multiphysics 构建了软化液浸渍模型和热量传递模型。软化液浸渍模型表明,在软化液浸渍初始,柚木内部的软化液在压力作用下出现瞬时极速增长的阶段,然后增长速率逐渐减慢直到平缓并达到浓度的极限值;热量传递模型表明,柚木内部温度场的分布规律与软化液浸渍分布规律趋同。

第4章 柚木弯曲构件的弯曲机理研究

4.1 引　言

　　柚木经过软化处理之后,木材塑性增加,其弯曲时的形变能力提高。在木材弯曲过程中,采用"索耐特法"在拉伸面外贴金属钢带,使弯曲应力中心向外转移,以实现较小曲率半径的弯曲,提高弯曲成品率。木材在经过软化液浸渍－蒸汽协同软化处理之后,木材中的结晶区和非结晶区发生润胀,增加了纤维内部分子链间的自由体积空间,提高了木材在弯曲时所需要的外侧拉伸能力和内侧压缩能力。

　　木材的弯曲特性主要是由木材外侧的顺纹拉伸能力和内侧的压缩能力决定的。在顺纹拉伸能力方面,影响较大的是木材的纤维素。柚木经过软化液浸渍与蒸汽的协同软化处理,纤维素的结晶区和非结晶区发生润胀,增加了木材中纤维素分子链之间的距离,增强了纤维素分子链的滑动和拉伸。而对于内侧压缩能力,影响较大的是木材的木质素和半纤维素[179]。柚木经过协同软化处理之后,木质素玻璃化转变温度降低,呈现出黏流状态,同时木质素和半纤维素发生了一定降解,木材纤维素部分结晶区表面微纤丝裸露,彼此间的联结程度变弱,纤维素分子链之间也容易发生滑移和卷曲,使内侧的压缩形变成为可能,从而提高柚木的塑性形变能力。

　　李军[12]从宏观和微观的角度分析了木材的弯曲机理,从宏观上看,木材的弯曲机理是试件的凸面受拉,凹面受压以及中性层受剪的作用结果,而从微观上看,木材的弯曲机理是木材受拉侧纤维素分子链的分子键长和键角的改变、分子链之间的相对滑动和受压侧分子链卷曲的结果。罗海[180]以速生杉木为试验材料,在研究木材顺纹拉伸和压缩时最大应力应变的基础上,推理出杉木的弯曲性能,并进行试验验证。Guo 等[181]制备了一种新型建筑木材,在压缩试验中分析了矿化处理对木材力学性能的影响,采用 X 射线断层扫描分析方法,从细胞塌陷和分层等微观层面揭示素材和矿化木材在径向和弦向压缩作用下的破坏机制。

　　目前,国内外对实木弯曲工艺及机理方面具有一定的研究基础,主要集中在木材的拉伸形变、压缩形变、纤维素分子链的变化等方面,而系统地从径向弯曲和弦向弯曲的微观结构变化、弯曲力学行为、应力应变本构模型等方面进行的研究则较少,难以清晰地揭示木材的弯曲机理,也不能为木材弯曲成型技术提供有力支撑,特别是长久以来研究范围局限于弯曲工艺,导致对上述问题的研究不够深入。

　　基于以上问题,本章以软化处理后的柚木为试验对象,采用定制的曲木机对其进行径向弯曲和弦向弯曲,获得软化处理前后的最小弯曲曲率半径,探索出柚木在软化条件下的弯曲曲率半径变化规律。同时,通过扫描电子显微镜和原子力显微镜观察柚木在弯曲前后横截面、拉伸面和压缩面的形貌特征,比较其导管、细胞壁的形态变化,从微观和超微观层面探索柚木的弯曲性能。再运用力学试验机,测试出软化处理条件下径向和弦向的载荷－形变力学关系,进而建立柚木弯曲应力应变本构模型。

4.2 弯曲试验与测试方法

4.2.1 弯曲性能测试

在试验中,根据木材的弯曲面与生长轮之间的关系,柚木弯曲可分为两种:一种是柚木的弯曲面与生长轮方向呈平行关系,即径向弯曲(图 4-1 中的 a),另一种是柚木的弯曲面与生长轮方向呈垂直关系,即弦向弯曲(图 4-1 中的 b)。柚木软化弯曲工艺流程、弯曲系数计算方法、每组试件数量参照第 2 章。

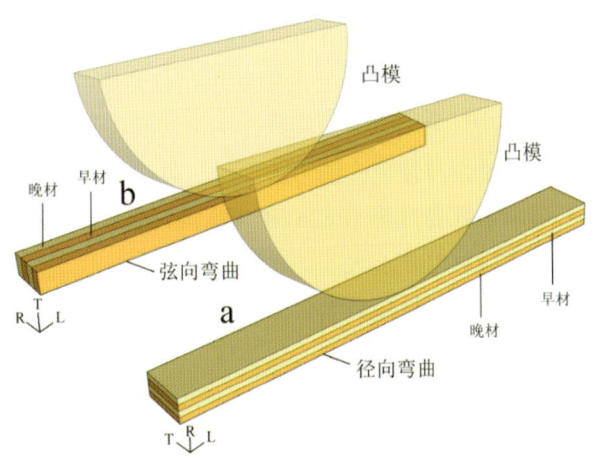

图 4-1 径向弯曲和弦向弯曲示意图

4.2.2 微观形貌观察

SEM 形貌分析:在柚木弯曲构件的最大弯曲处截取试件,利用环境扫描电子显微镜(SEM)观察柚木弯曲前后细胞壁、导管及纹孔的形态变化。测试时使用导电胶将样品固定在样品托上,然后喷铂金处理。测试条件:扫描电子显微镜(Sigma300, 德国),分辨率 1.0 nm@15 kV,加速电压 10 kV。

AFM 形貌分析:通过原子力显微镜(AFM)研究柚木在弯曲后拉伸侧到中性层之间细胞壁横截面上萌生微小裂纹时的弱相结构,以分析柚木在达到较大弯曲曲率半径时的细胞形态变化规律。木材在顺纹弯曲过程中,内侧的受压面不仅受到顺纹拉伸的影响,而且受到了横向压缩力、剪切应力的多重作用,因此基于压缩面应力状态的复杂性以及外侧拉伸面先被破坏的状况,AFM 主要用于研究柚木最外侧拉伸侧部位和中性层位置的细胞壁形貌特征。试件采用 LR White 树脂包埋,然后采用超薄切片机(徕卡 UC7,德国)使切面光滑平整,表面粗糙度为 1 μm,然后通过 AFM 以 200 μm 为单位进行界面的形貌扫描。测试条件:采用 Bruker Multimode 8 的敲击模式,选择 RTESP-300 悬臂梁针,悬臂梁长 125 μm,共振频率 300 kHz。

4.2.3 弯曲力学性能测试

柚木弯曲中载荷–形变关系的测试,采用弯曲曲木机(定制,中国上海)和万能力学试验机(KHQ-002H,中国苏州)配合进行,设置力学试验机的最大载荷力 10×10^3 N,测试速度为 100 mm/min。

4.3 结果与讨论

4.3.1 弯曲曲率半径变化规律分析

木材的弯曲效果除了与所选树种有紧密关系,还与试件的制备有着紧密的联系。制备试件时,按照纹理方向将柚木分别进行径向和弦向取样,然后通过径向弯曲和弦向弯曲试验,探索软化液浸渍与蒸汽协同软化条件下的弯曲曲率半径变化规律。

1. 径向弯曲

表4-1和图4-2展示了柚木浸渍前后的曲率半径和弯曲系数。在经过蒸汽软化处理后,柚木的径向弯曲系数为1/11.62,且弯曲成品率较低,柚木弯曲的断裂处主要发生在拉伸侧的居中处(见图4-3),一方面是由于拉伸侧的中心附近承受着最大的弯曲应力,另一方面是蒸汽作用无法润胀纤维素的结晶区,使纤维素分子链相对滑动的能力受限,进而降低了木材的塑性拉伸应变能力。而经过软化液浸渍与蒸汽协同处理后,柚木的弯曲性能较未浸渍材得到了明显改善,弯曲系数提升至1/9.26,比未浸渍材提升了20.31%,成品率可以达到80%左右,同时弯曲曲率半径变异系数与未浸渍材差异不大。

究其原因,这主要是与软化液的渗透、木材的玻璃化转变温度、主要化学成分变化、抽提物的溶出等因素有关。柚木在软化液与蒸汽协同软化过程中,软化液中的化学成分与木材的活性基团结合引起内部膨胀[182]。同时,软化液呈碱性且溶于水,使半纤维素和木质素之间的连接酯键易于分离,降低了柚木自身原有的结构凝聚力[183]。另外,在蒸汽作用下,半纤维素和木质素也发生了降解,纤维素结晶区的部分微纤丝裸露,彼此之间的胶黏程度降低,使柚木的软化弯曲性能得到提高[20]。

表4-1 柚木浸渍前后的径向弯曲性能

试件	指标			
	曲率半径平均值 / mm	曲率半径标准差 / mm	曲率半径变异系数 /(%)	弯曲系数 /(h/r)
未浸渍材	232.4	16.31	7.01	1/11.62
浸渍材(15%)	185.2	13.12	7.09	1/9.26

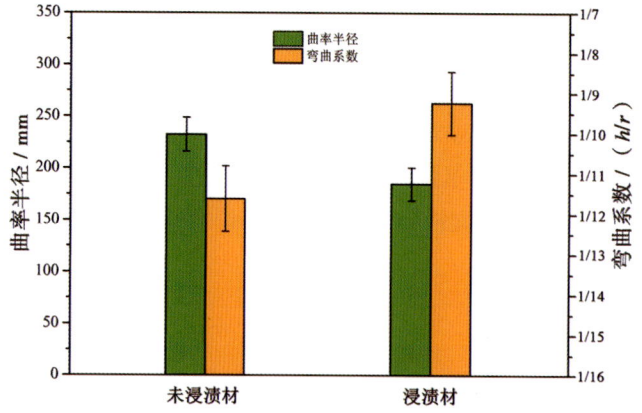

图4-2 柚木浸渍前后的曲率半径和弯曲系数

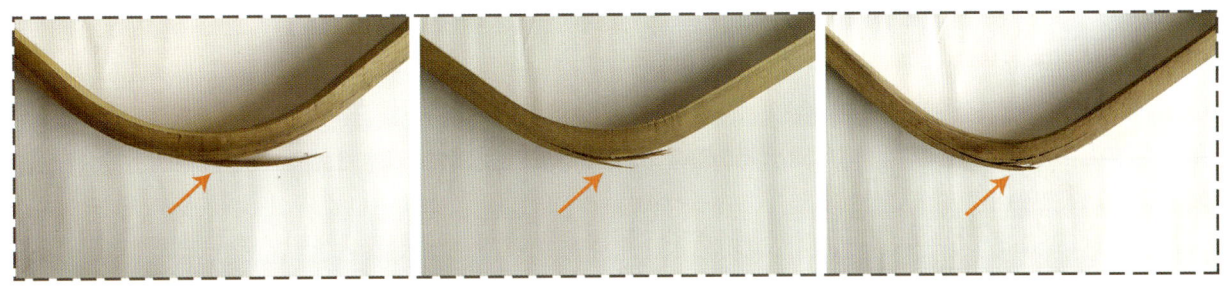

图 4-3 柚木弯曲的破坏位置

2. 弦向弯曲

在保证弯曲成品率的基础上,对柚木进行弦向弯曲的试验分析。表 4-2 和图 4-4 为浸渍前后的曲率半径和弯曲系数。在经过蒸汽软化处理后,柚木的弦向弯曲曲率半径为 371.7 mm,弯曲系数为 1/18.58,弯曲曲率半径较大,弯曲系数较小,这主要是由于木材弯曲面与年轮层是垂直关系,弯曲面被年轮层纵向分成若干列,进而在弯曲应力作用下使年轮层产生错位,容易在早材和晚材的交界处发生弯曲断裂[184]。虽然在经过软化液与蒸汽协同处理后,柚木弯曲性能得到了一定的提升,但弯曲曲率半径仍然较大,很难满足实木曲木家具及木制品的生产需要。

表 4-2 柚木浸渍前后的弦向弯曲性能

试件	指标			
	曲率半径平均值 / mm	曲率半径标准差 / mm	曲率半径变异系数/（%）	弯曲系数 /（h/r）
未浸渍材	371.7	18.15	4.99	1/18.58
浸渍材（15%）	316.0	14.57	4.61	1/15.80

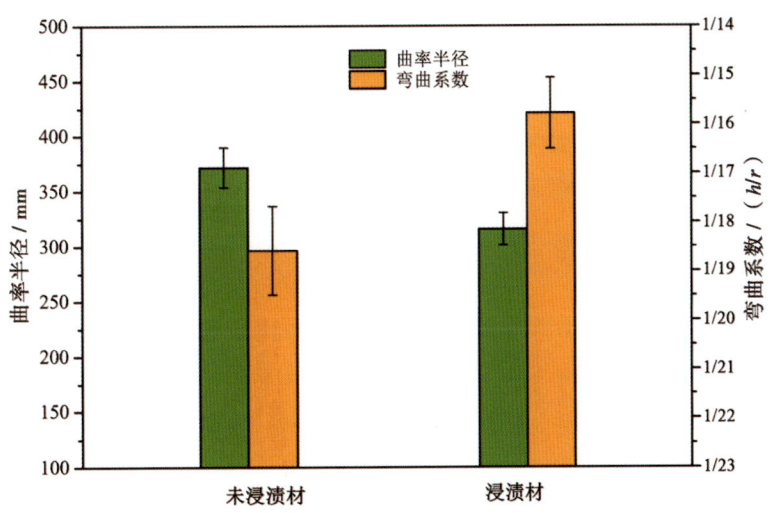

图 4-4 柚木浸渍前后的曲率半径和弯曲系数

3. 两种弯曲方式下的规律差异性分析

根据径向弯曲和弦向弯曲的试验结果可以看出,柚木的径向弯曲性能优于弦向,这与早晚材的变化、年轮线的走向以及木射线等组织结构存在着紧密联系[185]。

径向弯曲时,弯曲载荷方向与木材的生长轮呈垂直关系。柚木外侧拉伸面为晚材,内侧压缩面为早材。由于外侧的晚材细胞腔小而壁厚,拉伸承受能力大于早材,同时,柚木内侧的早材细胞腔大且壁薄,为柚木的顺纹压缩提供了有利条件。另外,柚木在径向弯曲过程中,弯曲应力由层叠的生长轮层均匀承担,就如"层层"纸张一样,弯曲过程稳定性较强。在弦向弯曲时,弯曲载荷方向与木材的生长轮呈平行关系,弯曲过程中的拉伸应力和压缩应力由若干个纵向生长轮共同承担,早晚材间隔分布,且木射线与木纤维呈一定的角度排列,在弯曲过程中容易出现"失稳"现象,从而引起弯曲断裂等现象。同时,研究过程中也发现,柚木在弦向弯曲中,最外侧的"锯齿状"拉伸断裂处位于木射线处,说明柚木在弯曲过程中首先在木射线的位置发生开裂。

4.3.2　SEM 形貌分析

在前期研究的基础上,我们通过最优软化弯曲工艺(软化处理温度为 125 ℃,软化处理时间为 175 min,软化液浓度为 15%)制成弯曲构件,然后通过 SEM,观察柚木的导管、细胞壁、木射线以及早晚材的变化,并与素材的微观形貌进行比较分析。通过 SEM 观察弯曲前后的形貌图,可以进一步研究柚木弯曲的微观特征,以探索柚木弯曲的微观结构与宏观弯曲性能之间的关系,这对于揭示柚木弯曲机理具有重要的现实意义。

柚木在弯曲过程中,拉伸侧横截面上某一位置的拉伸应力与该位置至中性层的距离成正比,因此,木材外侧横截面不同高度的细胞组织承受着不同的拉伸应力[186]。柚木的径切面、弦切面在细胞组织结构上有着比较显著的差异,从而使径切面、弦切面的物理力学性能也有所不同,其外侧抗拉伸形变能力也会显示出一定的差异。

1. 柚木微观形貌分析

柚木属于阔叶材,其组织结构主要有导管、木纤维、木射线、轴向薄壁组织等。图 4-5 为柚木横切面、弦切面和径切面的 SEM 图像。由图 4-5(a)可见,横切面中的导管为圆形和卵圆形,且早晚材导管形态近似,管孔组合多数为单管孔。柚木导管中含有磷酸钙沉积物,使木材的耐久性提高,导管中的部分纹孔有侵填体和白色沉积物,透水性较小[187]。导管之间的穿孔纵向相连,其类型为单穿孔。木纤维为腔大壁厚的细胞,其壁上的纹孔为具缘纹孔。

柚木木射线较为发达,在三切面均可见,尤其在弦切面更为明显。如图 4-5(d)所示的弦切面上,可见多列木射线,属于横卧细胞,呈水平状分布。如图 4-5(g)的径切面上,射线薄壁细胞呈斑纹状,宽窄不一,其细胞组织结构较为明显,并与木纤维纵横相互交织在一起。

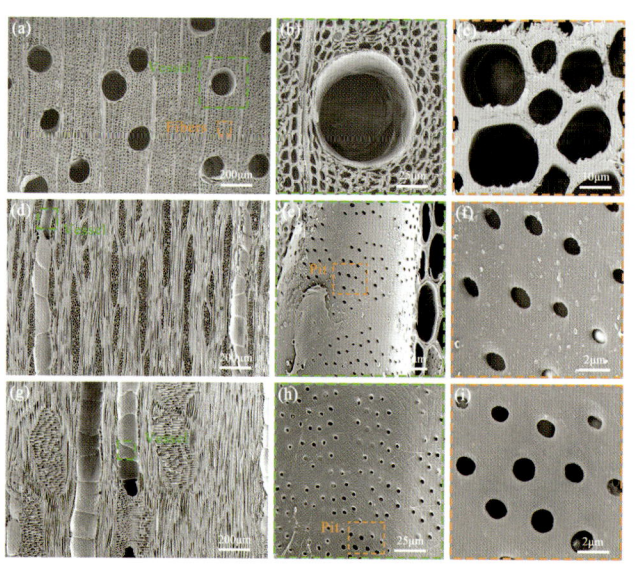

图 4-5　柚木素材的 SEM 图像
(a)～(c)横切面,　(d)～(f)弦切面,　(g)～(i)径切面

2. 柚木径向弯曲后微观形貌分析

图 4-6 为柚木径向弯曲后拉伸侧的 SEM 图像。由图可知,柚木的导管形态呈圆柱形,纤维组织结构比较规整、有序,而在软化弯曲之后,横截面的导管发生了形变,更重要的是,细胞壁和纤维组织结构也发生了一定的拉伸(内侧为压缩),甚至在细胞壁之间形成了不同程度的微裂纹。柚木在弯曲过程中,当拉伸应变小于材料自身允许的应变时,试件的拉伸面不会产生破坏,而且可以达到较小的弯曲曲率半径。如果拉伸应变大于木材的允许应变,试件的拉伸面将会产生拉伸断裂,造成弯曲失败。柚木在弯曲过程中,采用外紧贴钢带的弯曲方法,使弯曲应力向拉伸侧转移,降低木材拉伸侧的应力值,使钢带承受更大的拉伸力,从而提高木材的弯曲性能。

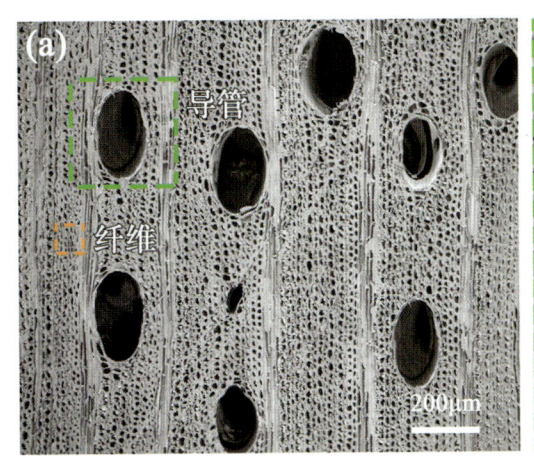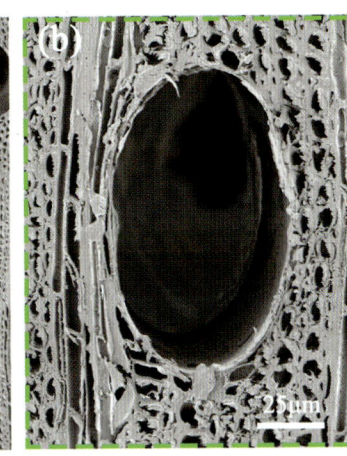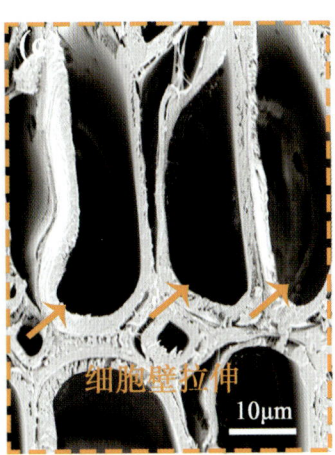

图 4-6　柚木径向弯曲后拉伸侧的 SEM 图像

（a）横切面，（b）导管，（c）纤维组织

柚木在径向弯曲过程中,木材最外侧的凸面(弦切面)承受着较大的拉伸力,而最内侧的凹面(弦切面)承受的是纵向压缩力。根据试件制备方法,弯曲构件最外侧的晚材承受了较大的拉伸力,早材承受了压缩力。早材细胞腔大且壁薄,而晚材细胞腔小且壁厚、力学强度大,这种早晚材的差异性,使柚木在弯曲过程中内侧有压缩空间,而外侧可以承受较大的拉伸力,从而提升其在弯曲时的形变能力。

图 4-7 和图 4-8 为柚木径向弯曲后弦切面细胞壁拉伸和压缩时的微观形貌。由图可知,柚木在弯曲时,其凸面拉伸侧(弦切面)导管上的纹孔出现了较大的拉伸形变,而凹面压缩侧(弦切面)出现了细胞壁的压缩形变,同时,在导管与射线薄壁细胞交界处出现了压缩错移,以满足木材弯曲形变的需要。当木材弯曲达到形变临界点时,木材的断裂就在拉伸处的中间位置发生,这是由于木材在弯曲时,最外侧承受着最大的拉伸力。

图 4-9 和图 4-10 为柚木径向弯曲后径切面细胞壁拉伸和压缩时的微观形貌。由图可知,弯曲构件径切面的拉伸面有一定程度的拉伸形变,同样,在弯曲面内侧中间的压缩面,细胞壁出现了多层褶皱,宏观上也可以看到均匀分散的细微褶皱。如果柚木内部组织软化得不够充分,在压缩侧径切面与弦切面的交界处将会出现较大的褶皱,甚至产生破坏;如果软化温度条件过高,柚木纤维的拉伸强度将降低,在拉伸侧径切面与弦切面的交界处会提前出现拉伸断裂,造成弯曲失败。

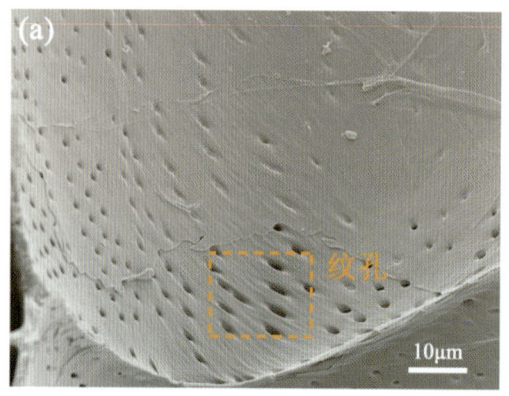

图 4-7　柚木径向弯曲拉伸侧的弦切面（导管壁）

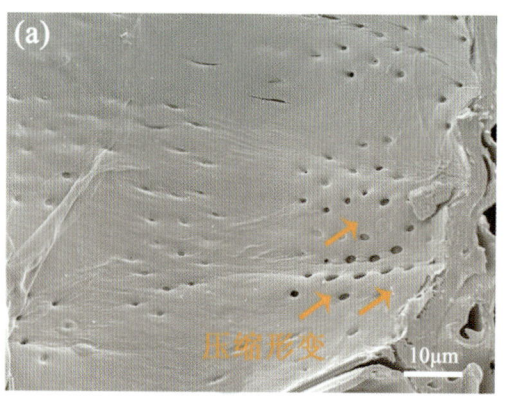
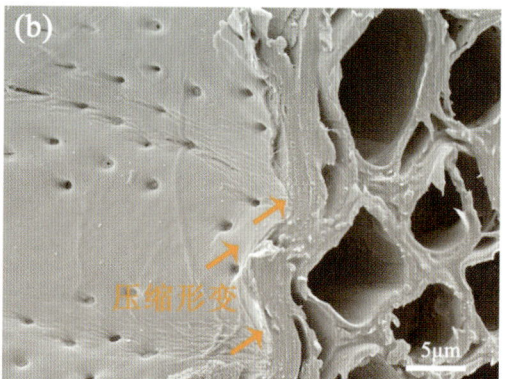

图 4-8　柚木径向弯曲压缩侧的弦切面（导管壁）

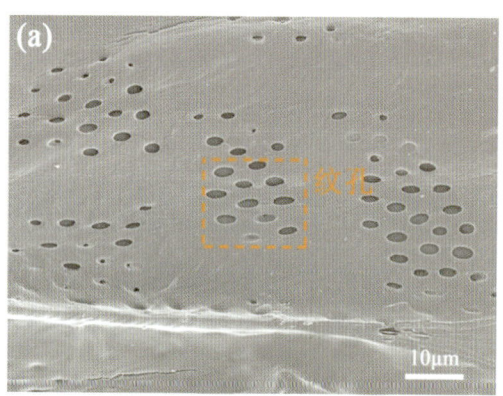
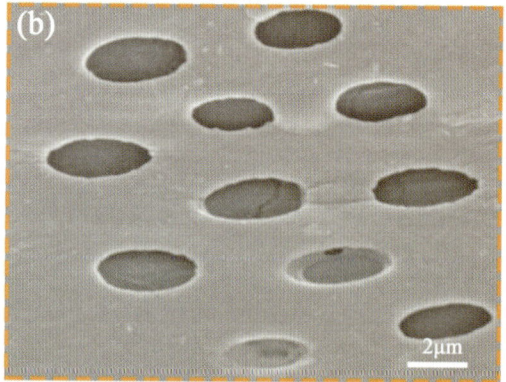

图 4-9　柚木径向弯曲拉伸侧的径切面（导管壁）

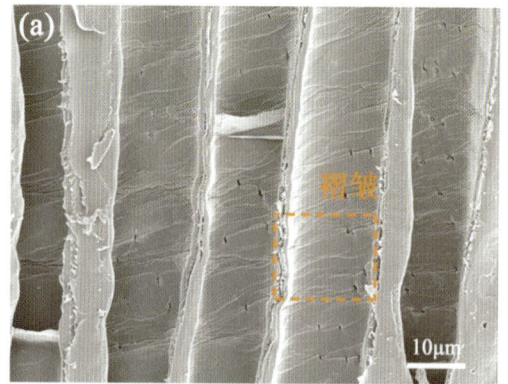
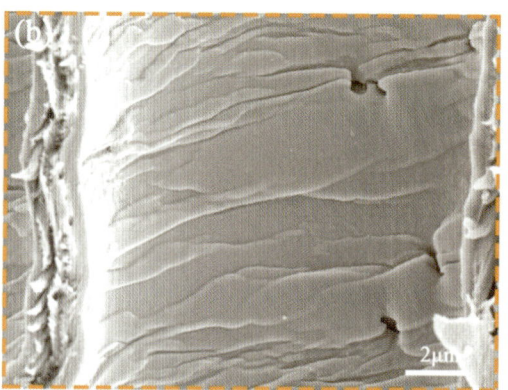

图 4-10　柚木径向弯曲压缩侧的径切面（细胞壁的褶皱）

3. 柚木弦向弯曲后微观形貌分析

图 4-11 和图 4-12 为柚木弦向弯曲后木材径切面细胞壁拉伸和压缩时的微观形貌。由图可知,柚木在弦向弯曲时,其凸面拉伸外侧(径切面)的导管产生了较大的拉伸形变,甚至导管壁上出现了裂纹。同时,弯曲构件的最外侧的拉伸面(径切面)由多个年轮层组成,早材带和晚材带分布较多,造成柚木径切面在承受拉伸应力过程中,产生早晚材应力再分配的问题,最终导致晚材承受拉伸应力较大和早材承受拉伸应力较小的现象。在压缩侧的凹面(径切面),各年轮层的细胞承受着顺纹弯曲的压缩力,在细胞壁上、射线薄壁细胞等位置出现了压缩形变,尤其是早材带的压缩形变较为突出[179]。另外,柚木内侧的组织结构不仅决定着木材弯曲的性能,还对弯曲构件干燥定型的弹性回复具有重要影响。

图 4-13 和图 4-14 为柚木弦向弯曲后木材弦切面细胞壁拉伸和压缩时的微观形貌。由图可知,弯曲构件弦切面的射线薄壁细胞与木纤维交界处萌生了较小的裂纹。木射线均由薄壁细胞组成,承受拉伸强度较低,力学性能较差[188],在弯曲拉伸过程中,容易从射线薄壁细胞处开始断裂(见图 4-13),从而影响木材的弯曲性能[189]。在压缩侧的弦切面,早材带较多,细胞腔大而壁薄,使内侧具有相对较强的顺纹压缩形变能力,如图 4-14(a)所示。

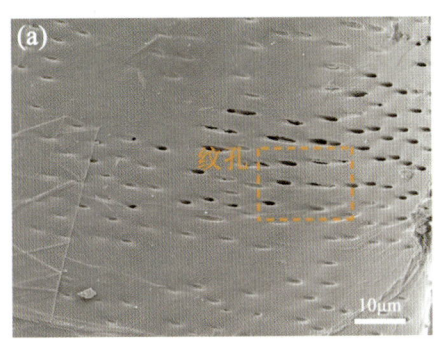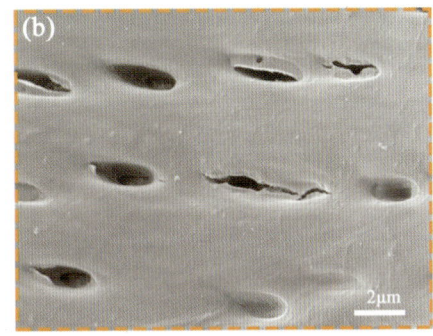

图 4-11　柚木弦向弯曲拉伸侧的径切面(导管)

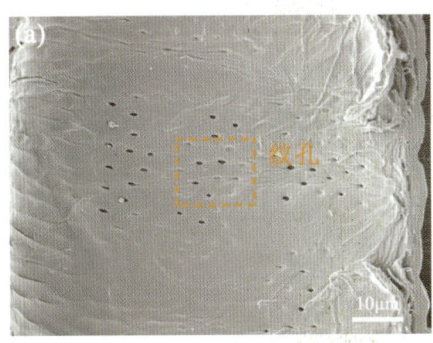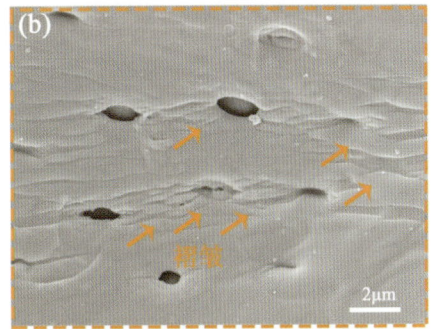

图 4-12　柚木弦向弯曲压缩侧的径切面(导管)

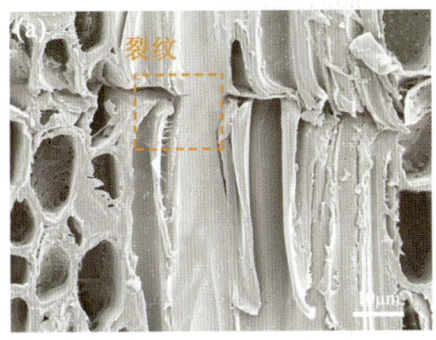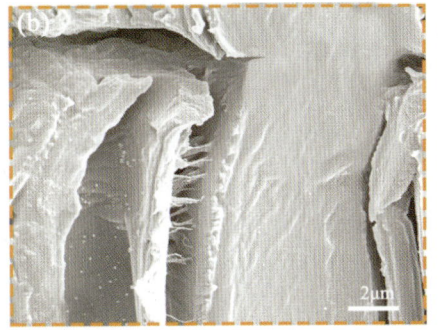

图 4-13　柚木弦向弯曲拉伸侧的弦切面(射线薄壁细胞)

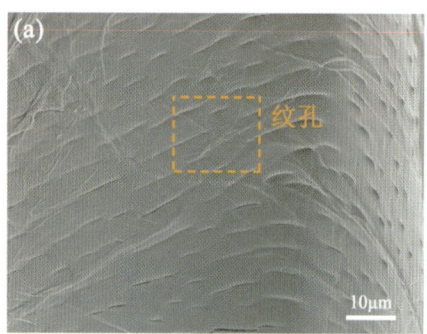

图4-14　柚木弦向弯曲压缩侧的弦切面（导管壁）

4.3.3　AFM形貌分析

1. 径向弯曲

柚木径向弯曲拉伸侧的 AFM 振幅图如图 4-15 所示。图 4-15(a) 为最外侧拉伸面细胞壁横截面的微观形貌图，可以看出，木材细胞壁和细胞腔已经发生了较大的拉伸形变，同时，木材细胞壁的次生壁层出现了微小裂纹，S_1 和 S_2 层显示出一定的脱黏状态。这主要是由于柚木在弯曲载荷作用下，弯曲构件的最外拉伸侧承受了最大顺纹拉伸应力，易使次生壁的 S_2 层产生裂纹，而横向的剪切应力易使 S_1 和 S_2 层发生脱黏。在次外拉伸侧（2 mm 处）取试件切片，其横截面微观形貌如图 4-15(b) 所示，细胞壁纤维组织虽然萌生裂纹，但裂纹较小。图 4-15(c) 为中性层附近的细胞壁微观形貌，细胞的壁层结构和纤维组织结构比较完整。在正中心层取切片试件，其横截面微观形貌如图 4-15(d) 所示，中性层在弯曲过程中承受了一定的横向压缩应力，使细胞壁产生了压缩形变，但不承受顺纹拉伸应力和压缩应力，因此细胞壁的壁层结构最为完整。

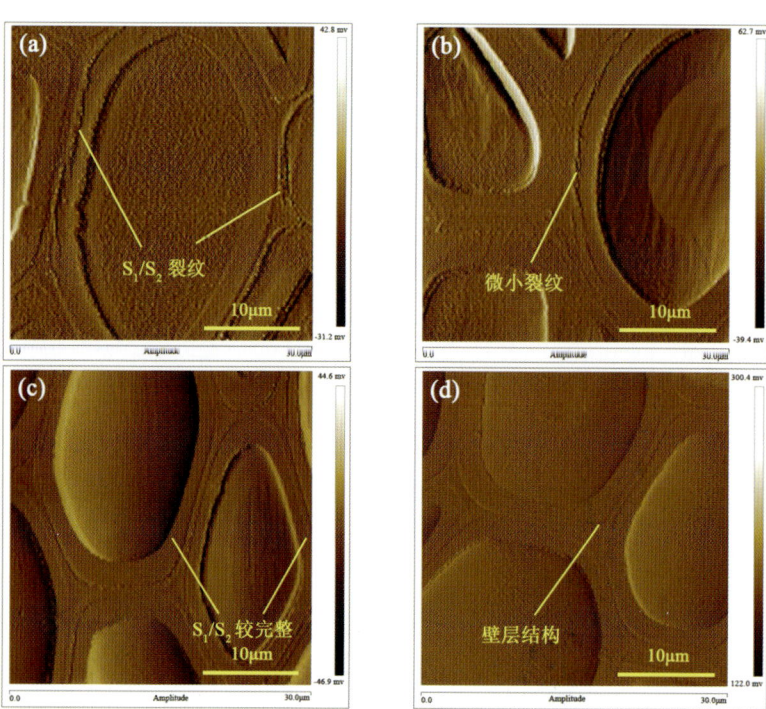

图4-15　柚木径向弯曲拉伸侧的 AFM 振幅图

2. 弦向弯曲

柚木弦向弯曲拉伸侧的 AFM 振幅图如图 4-16 所示。图 4-16(a) 为柚木弯曲外侧拉伸面产生裂纹的位置，即射线薄壁细胞处,从图中可以看出,射线薄壁细胞已经发生了破坏,这是由于在与径向弯曲相同的弯曲曲率半径的条件下,弦向弯曲易于发生弯曲破坏,这也与本章 4.3.2 节中关于弦向弯曲的 SEM 形貌特征分析结果相一致。图 4-16(b) 为弯曲构件外侧射线薄壁细胞附近的细胞壁微观形貌,从中可以看出,弯曲构件在射线薄壁细胞产生裂纹后,在纵向拉伸和横向剪切耦合应力作用下,木材细胞壁的壁层结构被撕裂,进而使木材的裂纹沿着顺纹方向进行扩展。在弯曲试件外拉伸侧(2 mm 处)取试件切片,柚木次生壁依然有较为严重的破坏,存在着 S_1 和 S_2 层界面脱黏的现象,如图 4-16(c) 所示。图 4-16(d) 为柚木弦向弯曲中性层的细胞壁微观形貌,其细胞壁有较大的弯曲形变,且壁层出现褶皱,这与横向压缩产生的应力不均匀有关。

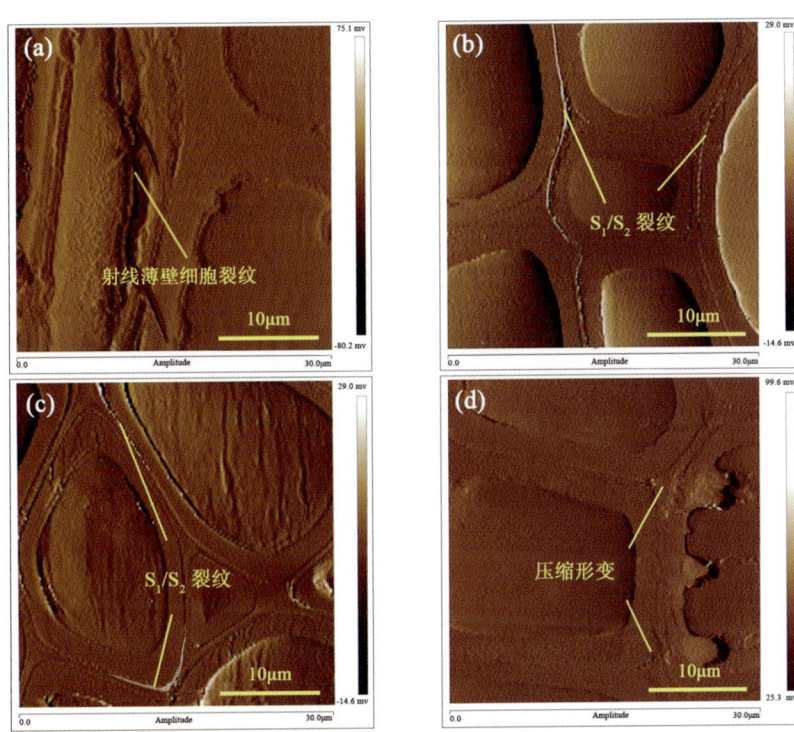

图 4-16　柚木弦向弯曲拉伸侧的 AFM 振幅图

4.3.4　弯曲载荷 – 形变关系分析

木材是一种各向异性的天然高分子材料,与金属、石材等材料不同,其内部构造的差异性,使木材的径向和弦向显示出不同的弯曲力学特性。张娅梅等[190]从早晚材急变的角度分析了马尾松径向和弦向弯曲的破坏特征,探析了木材在径向和弦向弯曲载荷作用下的力学强度变化特征。Wang 等[191]分析了火炬松抗弯时的载荷 – 形变关系,并从细胞壁微观尺度上揭示了不同温度条件下木材弯曲性能变化的原因。Milch 等[192]采用试验和数值分析相结合的方法研究了山毛榉和云杉在压缩条件下的应力应变关系,并建立了弹塑性力学模型。深入研究柚木径向弯曲和弦向弯曲力学变化规律,对于提高木材弯曲成品率、探索弯曲成型机理具有重要的指导意义。

1. 径向弯曲

通过凹凸模曲木机和力学试验机测试柚木在软化液浸渍 – 蒸汽协同软化条件下获得的载荷 – 形变关系,以探索柚木径向弯曲和弦向弯曲过程中的力学变化规律。如图 4-17 所示,在柚木弯曲的初始弹性阶段,试件的载荷 – 形变关系呈直线上升趋势,属于普弹性,符合虎克定律。此阶段,由于试件的厚度较大,所需要的载荷较大,而形变较小。随着载荷的增加,柚木载荷 – 形变关系上升趋势则比较平缓,即弹塑性形变阶段。弹塑性形变阶段是由纤维分子链的卷曲和滑动引起,木材形变具有一定可逆性。随着载荷的进一步加大,弯曲形变幅度增加,属于塑性形变阶段。在柚木允许的形变范围之内,随着弯曲程度的增加,则需要更大的载荷力,才能产生一定的形变,此阶段接近于弯曲破坏极限值。

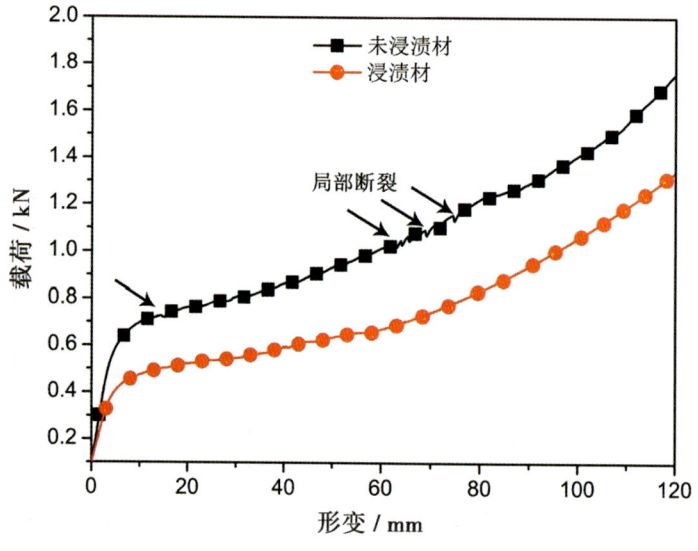

图 4-17　柚木径向弯曲的载荷 – 形变关系

比较图 4-17 中未浸渍材和浸渍材柚木径向弯曲的载荷 – 形变关系,在同样的形变程度下,未浸渍材在弯曲过程中需要更大的载荷力,甚至出现了陡升陡降的小曲线(箭头标识处),其载荷 – 形变关系曲线也不够圆顺,这说明了未浸渍材在弯曲过程中出现了局部微断裂。而浸渍材在弯曲过程中需要的载荷较小,载荷 – 形变关系曲线较为圆顺,弯曲效果较为理想,这主要是由于软化液不仅可以进入柚木的非结晶区,还可以渗入其结晶区,从而改善柚木的软化弯曲性能。

2. 弦向弯曲

图 4-18 为柚木未浸渍材和浸渍材弦向弯曲的载荷 – 形变关系。通过图 4-18 可以看出,其载荷 – 形变关系与径向弯曲的变化趋势相一致,但在同样曲率半径条件下,弦向弯曲所需要的载荷更大,这主要是由于柚木的弯曲面与年轮层成垂直关系、晚材强度较大等。

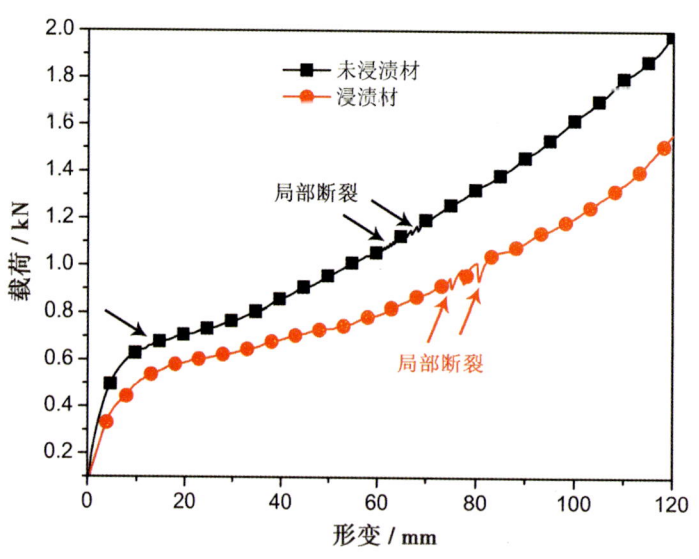

图 4-18　柚木弦向弯曲的载荷 – 形变关系

4.3.5　构建柚木弯曲应力－应变本构关系模型

由于木材结构及其纹理方向的复杂性,国内外对于木材的本构关系(应力－应变)进行了相关研究,也取得了一些研究成果[193-194]。但大多研究是立足于木材的拉伸或压缩性能的试验研究,鲜有学者对木材弯曲时材料的应力－应变关系进行深入研究,且大多数集中在木材抗弯承载力的断裂分析上[195-198]。所以本节在已有研究的基础上,结合材料力学原理构建柚木弯曲力学本构模型,并通过弯曲试验进行验证,以预测柚木在弯曲受力状态下的应力－应变关系。

1. 应力－应变关系的理论推导

在木材弯曲性能研究中,由于应变片的形变能力有限,木材底部拉伸侧产生较大的形变会引起应变片发生断裂,所以木材弯曲条件下力学性能的研究大多是在木梁的两端放置应变片[199-201]。但为了研究木材弯曲条件下的本构关系,根据上述方法得到的应力－应变关系缺乏一定的科学性。同时,目前对于木材本构关系的研究大多是基于其拉压试验,而将木材在弯曲条件下的载荷－形变关系转换为应力－应变关系的研究较少。因此,本研究通过理论推导与试验验证的方法探索柚木的应力－应变曲线,分析柚木弯曲过程的受力情况,并提出一种木材载荷－形变关系等效为应力－应变关系的计算方法。

在试验中,通过凹凸模曲木机和力学试验机对柚木弯曲中的载荷－形变进行检测,然后推导出柚木载荷－形变与应力－应变的函数关系。

首先对柚木软化弯曲过程作出以下假设:

(1)假设柚木在形变过程中是连续的;

(2)假设柚木的弯曲剖面是平面;

(3)假设柚木在弯曲时,其形变具有对称性。

根据微积分[202]与材料力学[203]中曲率的计算公式,可知曲率、曲率半径与函数之间的关系,见公式(4-1)~公式(4-3),公式中 ϕ 代表曲率,ρ 代表曲率半径,$w(x)$ 代表目标函数,μ 代表离构件中心轴距离。

$$\phi = \frac{1}{\rho} = \frac{\mathrm{d}^2 y}{\mathrm{d}x^2} \tag{4-1}$$

$$\frac{1}{\rho(x)} = \frac{w''(x)}{[1 + w'(x)^2]^{\frac{3}{2}}} \tag{4-2}$$

$$\varepsilon = \frac{\mu}{\rho} \tag{4-3}$$

根据高等数学微积分原理,可知函数的路径长度为 L,见公式(4-4)。

$$L = \int_a^b \sqrt{1 + (f'(x))^2}\,\mathrm{d}x \tag{4-4}$$

故在整个柚木试件上,发生形变后的路径长度为 L,与原有路径长度 L_0 之差为 ΔL,ΔL 为整个试件的伸长量,用公式(4-5)表示;由于应变反映的是单位材料形变的变化量,见公式(4-6),使用应变 ε 反映试件的伸长量 ΔL,见公式(4-7)。

$$\Delta L = L - L_0 = \int_a^b \sqrt{1 + (f'(x))^2} - 1\,\mathrm{d}x \tag{4-5}$$

$$\varepsilon = \lim_{l \to 0} \frac{\Delta L}{L} \tag{4-6}$$

$$\Delta L = \int_a^b \varepsilon \mathrm{d}\varepsilon \qquad (4\text{-}7)$$

根据材料力学原理,可知跨中挠度与梁(试件)位置之间的函数关系,其形变如图4-19所示。若函数$M(x)/EI$在试件中是分段函数,则挠度的具体表达见公式(4-8),C、D是待定常数,在铰接简支梁(试件)的计算中$w(A)=0$。若函数$M(x)/EI$在试件中是分段函数,n为试件端A到B的函数分段数,则挠度的具体表达见公式(4-9)。

$$w(x) = \int\left[\int\frac{M(x)}{EI}\mathrm{d}x\right]\mathrm{d}x + Cx + D \qquad (4\text{-}8)$$

$$w(x) = \sum_{i=1}^{n}\int\left[\int\left[\frac{M(x)}{EI}\right]_i\mathrm{d}x\right]\mathrm{d}x + C_ix + D_i \qquad (4\text{-}9)$$

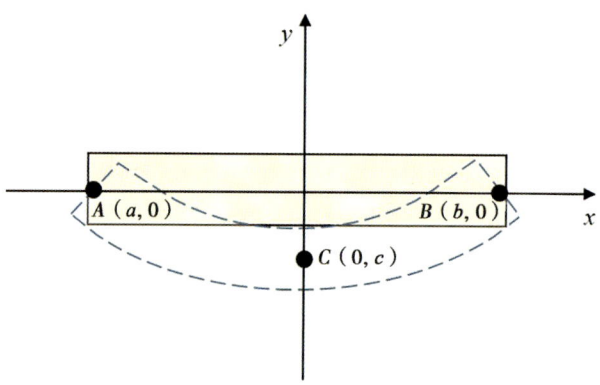

图4-19　试件在弯曲条件下的形变示意图

在单一木材的计算中,采用公式(4-8)可对材料的挠度进行求解;在复合材料或变截面材料计算中,便需采用公式(4-9)对材料的挠度进行求解,由于本试验采用的是同材料、同截面的柚木,故采用公式(4-8)。

根据已有研究,试件在弯曲时,中间底部单位长度的伸长率与两端底部的伸长率是不一致的。由于集中载荷F非恒定力,根据数学关系可得知试件底部的跨中应变ε_m与跨中挠度y存在函数关系,记为$f(y)$,见公式(4-10)。

$$\varepsilon_m = f(y) \qquad (4\text{-}10)$$

因为在结构力学的挠度形变呈抛物线形式,本文假设单位长度的伸长率也呈现抛物线形式,即两端铰接处单位长度的伸长率(应变)为0,集中载荷处应变最大,即抛物线的顶点。根据高等数学的计算,若已经明确三点的坐标可以确定唯一的a、b、c值(见图4-19),则$g(x)$见公式(4-11)。

$$g(x) = ax^2 + bx + c \qquad (4\text{-}11)$$

根据公式(4-2)、公式(4-4)、公式(4-5)、公式(4-8)、公式(4-10)和公式(4-11)可以得到试件中的形变与底部应变的函数关系,记为$h(y)$,由于本研究中构造的函数为二次函数,故函数关系见公式(4-12),公式中的a、b是关于试件中形变y的函数,可通过公式(4-13)与三点坐标拟合得到唯一值。

$$\varepsilon = h(y) \qquad (4\text{-}12)$$

$$\varepsilon = \frac{h\sqrt{(1+b)^3}}{2a} \tag{4-13}$$

根据材料力学原理,对于矩形截面,应力(σ)、截面惯性矩(I)和弯矩(M)分别通过公式(4-14)、公式(4-15)和公式(4-16)计算。其中 M 是载荷产生的弯矩, F 代表试件加载点所承受的载荷, l 代表有效计算长度, μ 代表离构件中心轴距离, b 是截面宽度, h 是截面高度。

$$\sigma = \frac{My}{I} \tag{4-14}$$

$$I = \frac{bh^3}{12} \tag{4-15}$$

$$M = Fl \tag{4-16}$$

结合公式(4-14)和公式(4-16),可以得到载荷与应力之间的关系,见公式(4-17)。

$$\sigma = \frac{6\mu Fl}{bh^3} \tag{4-17}$$

通过以上理论推导,可根据柚木在软化弯曲下的载荷 – 形变数值,采用公式(4-13)和公式(4-17)计算出其应力与应变。

2. 构建本构关系模型与试验验证

科学合理地表征木材力学行为是分析木材受力过程的基础。按照模型的简易程度,本构模型的种类可分为基于试验的经验模型表征和基于理论分析的理论模型表征[204],在研究中,一些经典力学理论被应用于木材的本构模型研究,例如弹性本构模型[205]、弹塑性本构模型[206]、玻尔兹曼本构模型等[207]。本研究在已有的理论研究基础上,根据设计的试验应力 – 应变曲线,选取计算方便且准确率较高的函数,并采用最小二乘法拟合确定应力 – 应变关系,提出一种基于柚木软化弯曲条件下的应力 – 应变本构模型。

木材弹性阶段本构模型采用公式(4-18)。

$$\sigma = E_1\varepsilon \tag{4-18}$$

根据木材受拉条件下的弹性与塑性形变的力学变化,提出一种双折线模型应用于柚木弯曲试件底部应力应变研究,见公式(4-19),其中 E_1 代表弹性阶段的弹性模量, σ_0 代表刚进入塑性时的应力, E_2 代表进入塑性形变阶段的等效弹性模量。

$$\sigma = \begin{cases} E_1\varepsilon & \varepsilon \leq \varepsilon_0 \\ \sigma_0 + E_2(\varepsilon - \varepsilon_0) & \varepsilon > \varepsilon_0 \end{cases} \tag{4-19}$$

根据提出的柚木弯曲本构模型,代入数值模拟软件 MATLAB,通过 FIT 函数与 CFTOOL 工具对应力 – 应变数据进行本构关系拟合,可靠度采用相关系数 R^2 来评价,故采用最小二乘法计算拟合函数的相关系数 R^2 。根据拟合图像可知,取应力 ε_0 为 0.4,得到在弹性范围内第一阶段的本构关系,见公式(4-20),其中 y 代表应变值, x 代表应力值,此阶段的相关系数 R^2 为 97.21%;在塑性阶段范围内第二阶段的本构关系见公式(4-21),此阶段的相关系数 R_2 为 95.29%,具体如表 4-3 和图 4-20 所示。

$$y = 32650x \tag{4-20}$$

$$y = 3749x + 9.775 \tag{4-21}$$

表 4-3　本构模型及相关系数

模型	形变阶段	本构关系	阶段相关系数（R^2）	综合相关系数（R^2）
双折线模型	弹性阶段	$E_1\varepsilon$	97.21%	96.25%
	塑性阶段	$\sigma_y + E_2(\varepsilon - \varepsilon_y)$	95.29%	

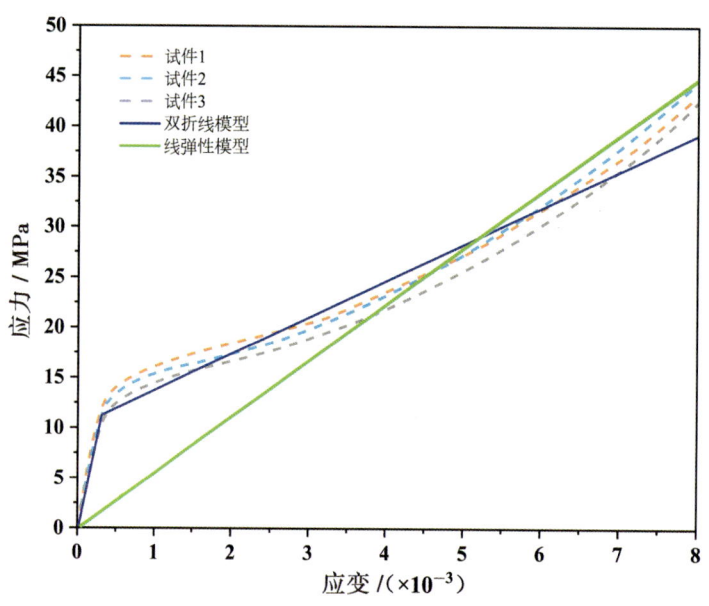

图 4-20　本构关系理论模型与试验对比图

由图 4-20 可知,柚木弯曲试件 1、2 和 3 均在加载初期处于弹性阶段,应力、应变成直线关系,此时的弯曲弹性模量较大,但加载至一定程度后(本组试件在 0.0004 左右)进入塑性阶段。通过理论分析与试验对比可知,本研究提出的木材弯曲双折线本构模型综合相关系数可以达到 96.25%,证明本模型能够较好地模拟柚木在软化弯曲时的本构关系。

4.4　本章小结

本章以软化液处理后的柚木为试验对象,采用定制曲木机对其进行径向弯曲和弦向弯曲,探索出柚木在协同软化处理条件下的弯曲曲率半径变化规律,通过扫描电子显微镜、原子力显微镜和弯曲应力应变关系分析等手段和方法,阐明柚木弯曲构件的弯曲机理,研究结论如下。

(1) 对柚木径向和弦向弯曲变化规律进行了分析。柚木的径向弯曲系数为 1/11.62,在软化液 - 蒸汽协同处理后,弯曲系数提升至 1/9.26,比未处理材提升了 20.31%,而弦向弯曲系数为 1/18.58,在软化液 - 蒸汽协同处理后,弯曲系数提升至 1/15.80。这主要是由于柚木在径向弯曲时,其外侧拉伸面为晚材,内侧压缩面为早材,为木材的顺纹压缩提供了有利条件。另外,柚木径向弯曲的弯曲应力由层叠的生长轮层均匀承担,就如"层层"纸张一样,弯曲过程稳定性较强。而柚木弦向弯曲的拉伸应力和压缩应力由若干个纵向生长轮共同承担,早晚材间隔分布,在弯曲过程中容易出现"失稳"现象,引起弯曲断裂。

(2) 通过扫描电子显微镜和原子力显微镜,分析了柚木弯曲前后的微观特征,阐明了柚木弯曲的微观结构与弯曲性能之间的关系。由微观图像可知,柚木在径向弯曲之后,其导管、细胞壁和纤维组织结构发生了一定的拉伸或压缩,甚至在细胞壁之间形成了不同程度的微裂纹。而弦向弯曲构件的最外侧拉伸面由多个年轮层组成,早材带与晚材带呈纵向分布,造成试件在承受拉伸应力过程中,产生早晚材应力再分配的问题,容易造成弯曲破坏。

(3)在柚木径向弯曲载荷－形变关系分析的基础上,对弯曲应力－应变关系进行了理论推导,构建了柚木弯曲的双折线本构模型,并经过本构关系拟合分析,得出综合相关系数 R^2 为 96.25%,证明本模型能够较好地模拟柚木在软化弯曲时的本构关系。

第5章 柚木弯曲构件的定型技术研究

5.1 引　言

　　柚木在软化液浸渍－蒸汽的协同软化作用下,可达到较为理想的弯曲性能,但成型之后的弯曲构件含水率较大,接近于纤维饱和点,细胞壁中充满水分,再加上木材内部热运动的能量较大,有着较强的形状记忆效应,如果取消外部的弯曲作用力,弯曲构件会快速产生回弹[208]。但是当干燥温度低于柚木的软化点以及水分减少时,木材内部分子之间的距离减小,摩擦力增大,弯曲试件就可以实现定型,这是一个木材外侧拉伸应力和内侧压缩应力松弛的过程。要使弯曲构件的稳定性提高,防止其吸收空气中的水分产生形变回弹,则需要释放木材因弯曲而产生的内部应力[209]。因此,实现木材弯曲定型的有效途径是有效地释放因弯曲产生的内部应力,以降低因木材吸湿吸水而产生的形变回弹,进而改善弯曲构件的尺寸稳定性。

　　目前,国内外学者在采用热处理和饱和蒸汽的方式对木材塑性形变固定方面的研究较多,主要是分析处理温度、处理时间、终含水率等工艺参数对形变回复的影响,并从细胞层面到分子层面研究热处理和饱和蒸汽处理实现形变固定的作用机理[86-87],而采用过热蒸汽的方式实现弯曲构件形变固定技术与作用机理方面的研究则相对较少。过热蒸汽作为弯曲构件湿热形变固定的一种新型定型技术,是利用过热蒸汽与木材试件接触而带走水分的干燥定型方式,具有传热效率高、干燥速度快、能量消耗低、渗透性强、应力释放快等特点[210]。在传热机制上,过热蒸汽不仅具有对流传热的作用,还可以达到热辐射和凝结放热的双重传热功效,使木材快速达到传热传质的干燥定型效果[211]。因此,过热蒸汽这种定型技术,对于提高弯曲构件干燥定型效率、缩短生产周期等方面具有重要的意义。

　　Gao等通过研究加压过热蒸汽处理压缩木材的细胞壁疏水化、微纤维分子链的重组、微观结构的变化以及内部应力的松弛,揭示压缩木材的形变固定机理,结果表明,加压过热蒸汽处理可以有效提高工业生产中压缩木材的尺寸稳定性。Patcharawijit等[137]研究橡胶木在过热蒸汽处理条件下的力学性能、颜色、细胞壁成分变化和耐久性,通过试验表明木材试件在过热蒸汽温度150 ℃条件下保持2 h,橡胶木的顺纹抗压强度、硬度和冲击强度最大,同时也发现处理材的吸湿性降低时,纤维素结晶度和耐久性提高。

　　过热蒸汽干燥的方式可以显著改善木材的品质,主要包括尺寸稳定性提高、颜色均匀、力学性能改善以及耐磨、耐腐蚀等方面,并且在干燥过程中干燥介质可以实现内部循环,尾气可回收再利用,具有环境友好的特点[88,212]。近几年来,过热蒸汽处理木材已经成为国内外学者研究的热点之一,尤其是在木材压缩形变固定方面引起广泛关注。过热蒸汽处理过程中木材纤维素分子链断裂、木质素重组、半纤维素降解、抽提物溶出等变化,均会影响木材的干燥质量和形变回复等性能。

　　基于此,本章将弯曲构件通过过热蒸汽的方法进行干燥定型,系统研究过热蒸汽温度、初含水率和干燥速率对柚木弯曲构件干燥定型质量的影响;在保证干燥定型质量的基础上,通过多周期的 24 h 浸水试验研究柚木在过热蒸汽处理前后的弦长变化规律,揭示过热蒸汽干燥定型对弯曲构件形变回复的影响,从而获得弯曲构件较为理想的干燥定型工艺参数。在此基础上,采用热机械分析仪研究弯曲构件的黏弹性变化,从力学角度揭示过热蒸汽干燥定型易于弯曲构件形变固定的内在原因。

5.2　试验材料与方法

5.2.1　试验材料

柚木弯曲构件根据第 2 章最优软化弯曲工艺参数制备。

5.2.2　试验仪器与设备

主要试验仪器与设备如表 5-1 所示。

表 5-1　试验仪器与设备

名称	型号	生产厂家
木材软化试验罐	定制	长沙炬创科技有限公司
过热蒸汽干燥箱	定制	东莞市常誉机械有限公司
吸水回弹检测装置	定制	深圳市健豪技术有限公司
电热鼓风干燥箱	DGG-9203A	上海森信实验仪器有限公司
木工试件 F 型夹具	SK-605	广州西科五金科技有限公司

5.2.3　试验与测试方法

过热蒸汽干燥定型是以过热蒸汽为干燥介质,通过对流传热、热辐射和凝结放热等复合传热作用,将木材中的水分高效排走的一种干燥定型方法。本节采用的过热定型方法是将柚木弯曲构件放入过热蒸汽设备中,通过蒸汽湿热作用使弯曲内部应力得到有效释放。

为了研究柚木弯曲构件定型的效果,在前期探索性试验的基础上,过热蒸汽干燥定型采用不同的温度(110 ℃、120 ℃、130 ℃ 和 140 ℃)进行处理,然后评价定型质量和尺寸稳定性。

(1)形变回复率测试。

分别准备过热蒸汽干燥定型和常规干燥定型的试件各 5 个,利用游标卡尺测试所有试件的弦长。然后将试件完全浸泡到水中(水温 30 ℃),每间隔 24 h 测试一次弦长,共计 120 h。

根据第 2 章 2.2.3 节中的公式(2-7)计算弯曲构件的形变回复率。

(2)化学成分含量检测。

根据第 3 章 3.2.2 节中的国标检测弯曲构件的化学成分含量。

(3)吸水回弹力学测试。

主要采用压力传感系统测试弯曲构件的吸水回弹力学,分析其在吸水过程中的回弹力学变化规律,试验方法如下:首先将弯曲构件与传感器上的夹具浸入盛有蒸馏水的容器,使蒸馏水的高度淹没弯曲构件;通过调试力学数据采集系统,采样频率为 100 ms,对试件进行力学数据采集;当应力 – 时间变化曲线呈直线时,吸水回弹力学试验测试结束,将采集数据导出系统,用于后期试验结果分析。每组试验 5 个试件,结果取均值。

(4)动态黏弹性测试。

使用动态热机械分析仪(型号 TA 850,美国 TA 公司)测试柚木过热蒸汽处理前后的动态黏弹性,其加载范围为 0.001~24 N,温度范围为 −150~500 °C,频率范围为 10^{-4}~200 Hz,工作速率为 0.01~20 °C/min,模量测试范围为 10^3~3×10^{12} MPa,损耗因子测试分辨率为 0.00001。

本设备配置夹具类型包括万能拉伸夹具、压缩夹具、三点弯曲夹具、剪切夹具、单 / 双悬臂梁弯曲夹具等。根据本试件特点和测试要求,采用单悬臂梁弯曲夹具类型,测试模式为动态温度扫描,工作频率为 1 Hz,测试温度范围为 30~300°C,升湿速率为 3 °C/min,在交变应力条件下得到储能模量 E'、损耗模量 E'' 和损耗因子 $\tan\delta$ 的变化曲线。试件测试位置为弯曲构件最大弯曲处,测试尺寸为 30 mm × 10 mm × 5 mm 的径切试件。

5.3 过热蒸汽干燥对弯曲构件干燥定型质量的影响

干燥质量是决定弯曲构件定型的基础。影响干燥定型的主要因素有过热蒸汽温度、时间、速率等,本节主要从这三个方面研究柚木弯曲构件的干燥定型质量。根据国家标准《锯材干燥质量》(GB/T 6491—2012)、行业标准《中式硬木工艺家具 锯材干燥质量》(T/ZSRFA 8—2020)和弯曲构件的质量要求(包括表面开裂、内壁褶皱、弯曲走样等),对不同过热蒸汽处理条件下的试件进行弯曲干燥定型质量评价,主要包括干燥定型后的终含水率、厚度上的含水率偏差、开裂情况和截面变形情况等方面。

5.3.1 介质温度的影响

按照试验设计方案,将弯曲构件放入过热蒸汽设备中,对其进行干燥定型处理,其在不同介质温度条件下的干燥定型质量如表 5-2 所示。从表 5-2 可见,随着介质温度的升高,柚木弯曲构件的平均终含水率逐渐下降,厚度上内层与表层的含水率偏差呈减小趋势。当介质蒸汽温度达到 140 °C 时,弯曲构件厚度上的含水率偏差明显降低,这说明弯曲构件经过更高温度的过热蒸汽处理后,其表层与内层的含水率更趋向于一致,但是会出现开裂现象,而较低的温度下未出现开裂现象,这是因为在高温条件下,弯曲构件的最大弯曲处承受着更大的应力,尤其是在过热蒸汽处理初期,木材内部与外部传热传质不均匀,易使弯曲构件的应力集中处出现干燥定型质量缺陷。

在弯曲构件弦长收缩率方面,随着干燥温度的升高,弦长收缩率呈上升趋势,这主要是由于弯曲构件在干燥定型过程中,水分的解吸使木材细胞壁出现收缩现象[213],在宏观上表现为试件弦长的缩短,甚至会出现截面形状的变形。

表 5-2　柚木弯曲构件在不同介质温度条件下的干燥定型质量

干燥温度 /°C	初含水率 /（%）	平均终含水率 /（%）	厚度上的含水率偏差 /（%）	表裂 / 条	内裂 / 条	端裂 / 条	弦长收缩率 /（%）
110	30	9.23	2.27	0	0	0	1.24
120	30	9.02	1.98	0	0	0	1.51
130	30	8.75	1.65	0	0	0	1.68
140	30	8.36	1.45	2	0	1	1.79

5.3.2　初含水率的影响

过热蒸汽处理具有放热系数大、传热效率高、对试件渗透性强等优点，但弯曲构件在较高含水率的条件下，高湿热定型处理会使木材中的水分快速流失，引起干燥定型质量缺陷，无法满足后续工艺处理和家具加工要求。因此，柚木弯曲构件干燥定型之前的初含水率是决定其干燥定型质量的重要工艺参数。

在过热蒸汽温度为 130 °C 的条件下，初含水率对弯曲构件干燥定型质量的影响如表 5-3 所示。从表 5-3 中可以看出，随着初含水率的降低，弯曲构件的干燥定型质量得到了有效提升，降低了木材开裂变形程度。当柚木木材软化弯曲后，弯曲构件的含水率较高，直接放入过热蒸汽设备中进行干燥定型，虽然在时间上可以实现木材的软化、弯曲和干燥定型的一体化处理工艺，但易使弯曲构件出现表裂、端裂等问题。当弯曲构件在室内环境中陈放 6 h 左右，待其含水率在 30% 时，采用 130 °C 过热蒸汽进行干燥定型，弯曲构件则无表裂、端裂等可见的干燥定型质量缺陷，弦长收缩率则稳定在 1.25% 左右。

由以上试验结果可知，当弯曲构件的含水率高于 30% 时，弯曲构件在干燥过程中会出现表裂现象。这是因为在高温条件下，弯曲构件内部的水分移动速度过快而产生对细胞的压力大于细胞极限力学强度，从而形成试件干燥定型质量缺陷[214]。当含水率处于 30% 及以下时，没有开裂现象，其原因是柚木含水率接近于纤维饱和点，厚度上表层与内层含水率偏差较小，从而降低了弯曲构件产生干燥定型质量缺陷的可能性。因此，从试验结果来看，柚木弯曲构件采用过热蒸汽干燥时，其初含水率应控制在 30% 及以下，以保证弯曲试件的干燥定型质量。

表 5-3　柚木弯曲构件在不同初含水率条件下的干燥定型质量

干燥温度 /°C	初含水率 /（%）	平均终含水率 /（%）	厚度上的含水率偏差 /（%）	表裂 / 条	内裂 / 条	端裂 / 条	弦长收缩率 /（%）
130	50	9.25	2.79	3	0	1	2.00
130	40	9.12	2.24	1	0	1	1.75
130	30	8.75	1.65	0	0	0	1.25
130	20	8.16	1.20	0	0	0	1.25

5.3.3　升温速率的影响

柚木弯曲构件在不同升温速率条件下的干燥定型质量如表 5-4 所示。由表可知，在介质温度为 130 °C、初含水率为 30%、升温速率为 20~60 ℃/h 的条件下,弯曲构件的干燥定型质量指标比较稳定。但是,当升温速率达到 90 ℃/h 时,弯曲构件的表面和端面均会出现开裂现象,这是由于干燥升温速率过快,试件表层与内层的含水率偏差较大,使柚木内部和外部产生一定的拉应力,再加上弯曲构件拉伸侧自身的拉伸应力,使试件拉伸外侧多处发生表裂现象。因此,在柚木干燥定型过程中,应该适当降低过热蒸汽干燥时的升温速率,减小木材内部毛细管的张力,避免干燥时木材拉伸应力以及弯曲应力的双重作用,从而提高弯曲构件的干燥定型质量。

表 5–4　柚木弯曲构件在不同升温速率条件下的干燥定型质量

干燥温度 /℃	初含水率 /(%)	升温速率 /(℃/h)	平均终含水率 /(%)	厚度上的含水率偏差 /(%)	表裂 /条	内裂 /条	端裂 /条	弦长收缩率 /(%)
130	30	20	8.75	1.65	0	0	0	1.25
130	30	30	8.32	1.43	0	0	0	1.21
130	30	60	7.80	1.22	0	0	0	1.16
130	30	90	7.06	1.04	2	0	1	1.16

上述试验结果表明,柚木弯曲构件的较优过热蒸汽干燥定型工艺为:将柚木弯曲构件通过常规干燥等预干处理方式,使试件的含水率达到 30% 左右;然后将试件连同干燥夹具一起放入过热蒸汽设备中,干燥介质温度为 130 ℃,升温速率为 60 ℃/h,保温时间为 120 min,终含水率为 7.8% 左右。柚木弯曲构件通过较优的过热蒸汽干燥定型工艺,可以提高弯曲构件的干燥定型质量,减少表裂、内裂、端裂等干燥定型质量缺陷,大大缩短干燥定型的时间,降低干燥定型能耗,提高定型效率。采用过热蒸汽干燥定型的弯曲构件,其干燥定型质量指标可以达到国家二级质量标准,经过加工后能满足曲木家具、室内装饰等产品的加工制造要求。

5.4　过热蒸汽干燥对弯曲构件形变回复的影响

弯曲构件在使用过程中,尤其是在潮湿环境中会有一定的形变回复现象,在不同程度上限制了其应用范围。本节通过 120 h(5 d)的浸水试验,研究过热蒸汽的处理温度、处理时间以及初含水率对柚木弯曲构件形变回复的影响。

5.4.1　介质温度的影响

将不同介质温度干燥定型的弯曲构件,陈放 12 h 后卸掉夹具,所得弦长为 400 mm 左右。将试件浸入水中 120 h,每间隔 24 h 记录一次弦长变化,其结果如表 5–5 所示。从表 5–5 中可知,柚木弯曲在常规干燥条件下进行干燥定型,然后完全浸泡到水中,其弦长变化值最大,而经过热蒸汽干燥定型,变化值则明显变小。同时,随着干燥定型介质温度的升高,弦长变化值呈逐渐减小的趋势。因此,过热蒸汽的介质温度可以有效抑制弯曲构件的形变回复,提高其尺寸稳定性。

不同介质温度条件对柚木弯曲构件形变回复率的影响如图 5–1 所示。由图 5–1 可知,常规干燥定型的弯曲构件经过 5 d 的浸泡,形变回复率在 11.90%~24.86% 区间变化,经过 48 h 水浸泡之后,形变回复率变化最大,在 72 h 之后,形变回复率基本稳定。在过热蒸汽干燥定型条件下,形变回复率随着介质温度的升高而呈现逐渐下降的趋势。当干燥介质温度为 110℃、120℃、130℃ 和 140℃ 时,形变回复率分别在 6.60%～15.33%、4.00%～10.24%、2.02%～5.13% 和 1.61%～4.30% 区间变化,弦长变化率呈下降趋势。可见,弯曲构件的干燥定型温度越高,浸水形变回复率就越低,稳定性就越好。但是介质温度过高,会引起弯曲构件开裂等质量缺陷,所以将 130℃ 作为较理想的弯曲定型温度。

表 5-5　不同处理温度条件下弯曲构件吸水弦长变化测试结果

温度	弦长 /mm					
	浸水前	24 h	48 h	72 h	96 h	120 h
常规干燥	405.0	453.2	500.2	502.4	504.6	505.7
110℃	401.8	428.3	452.8	457.6	462.5	463.4
120℃	400.2	416.2	430.3	436.3	440.3	441.2
130℃	401.5	409.6	414.7	420.6	421.8	422.1
140℃	402.1	408.7	414.3	419.0	419.1	419.4

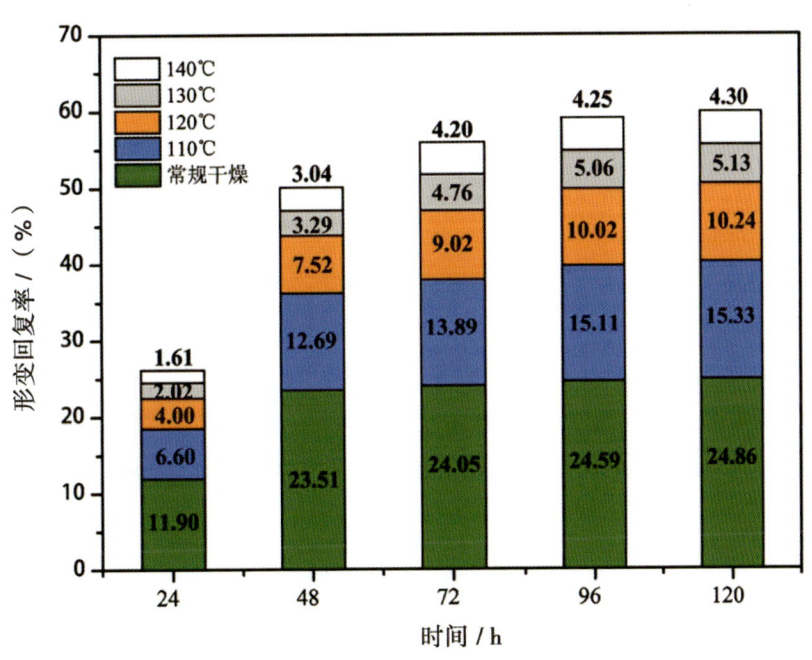

图 5-1　不同介质温度条件对柚木弯曲构件形变回复率的影响

图 5-2 为柚木弯曲构件形变回复率与化学成分含量的相关性分析图。由图 5-2 可知,试件形变回复率与柚木化学成分中的半纤维素、纤维素的相关系数 R^2 分别为 0.974 和 0.738,呈正相关性,而与木质素的相关系数 R^2 为 0.883,呈负相关性。可见,过热蒸汽定型处理使弯曲构件中的半纤维素含量减小,多糖的降解使木质素相对含量增大,进而影响其形变回复率。因此,从木材化学成分的角度来看,过热蒸汽处理能够有效降低弯曲的形变回复率,这主要是由于半纤维素的降解和木质素相对含量增加。

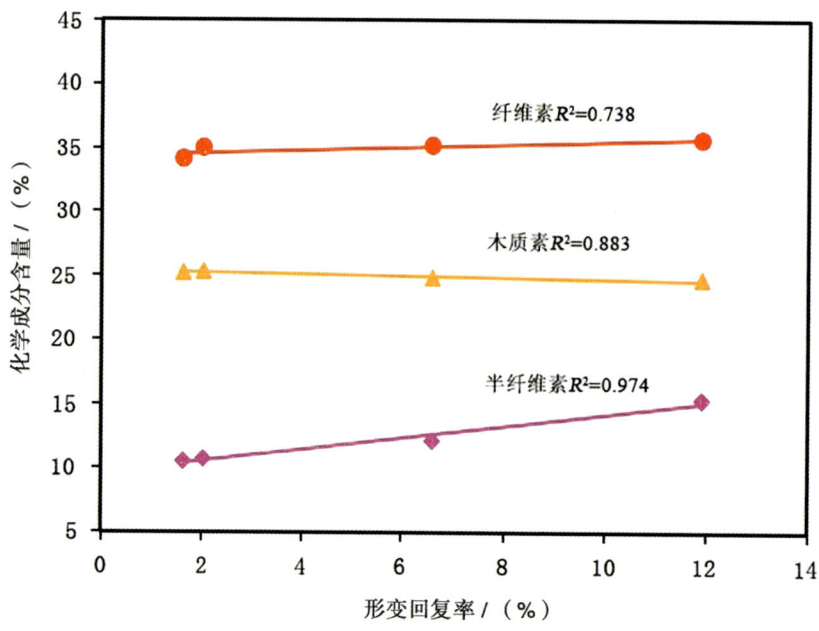

图 5-2 柚木弯曲构件形变回复率与化学成分含量的相关性分析图

5.4.2 处理时间的影响

设定弯曲构件干燥定型的处理温度为 130 ℃、初含水率为 30%、升温速率为 60 ℃/h,分析过热蒸汽处理时间对弯曲构件形变回复的影响。经过浸水测试,其弦长变化结果如表 5-6 所示。由表 5-6 可知,柚木弯曲构件在过热蒸汽处理 1 h 的条件下,干燥定型后弦长最大变化值为 12.6 mm。随着过热蒸汽处理时间的延长,弦长最大变化值分别为 8.1 mm 和 7.9 mm。由此可见,干燥定型处理时间也会对弯曲构件的形变回复有一定的影响。通过试验数据来看,弯曲构件的形变回复程度会随着干燥定型时间的延长而保持基本稳定。

不同处理时间条件对柚木弯曲构件形变回复率的影响如图 5-3 所示。由图 5-3 可知,经过 1 h 干燥定型处理的弯曲构件,经过 120 h(5 d)的浸泡之后,其形变回复率在 3.58%～9.40% 区间变化,经过 24 h 和 48 h 水浸泡之后,形变回复率变化较大,在 72 h 之后,形变回复比较稳定,其变化趋势与干燥定型温度对吸水弦长变化率的影响较为接近。当干燥处理时间为 2 h 和 3 h 时,形变回复率分别在 2.02%～5.13% 和 1.98%～5.10% 区间变化,两者之间的形变回复变化程度较为接近。这是由于弯曲构件的定型阶段属于缓慢干燥定型阶段,其中心部分含有少量水分,过热蒸汽处理时间的延长对柚木化学组分影响较小。因此,综合考虑干燥定型的成本、效率、尺寸稳定性等因素,将 2 h 作为过热蒸汽的处理时间。

表 5-6 不同处理时间条件下弯曲构件吸水弦长变化测试结果

条件	弦长 /mm					
	浸水前	24 h	48 h	72 h	96 h	120 h
过热蒸汽 1 h	402.3	414.9	426.8	437.3	439.6	440.1
过热蒸汽 2 h	401.5	409.6	414.7	420.6	421.8	422.1
过热蒸汽 3 h	399.8	407.7	412.5	418.7	419.9	420.1

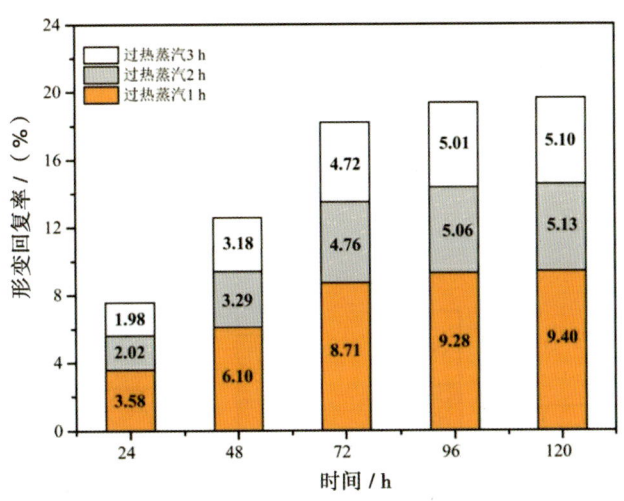

图 5-3　不同处理时间条件对柚木弯曲构件形变回复率的影响

　　由以上可知,柚木经过软化弯曲处理之后,含水率较高,因此,在干燥定型处理过程中,需要通过蒸汽介质使弯曲构件内部和表面的水分均匀排出,缩小分子之间的距离,使纤维在弯曲中产生的残余应力得到消除,同时,一定的温度条件使木材基质分子发生交联反应,形成弯曲构件较为稳定的湿热形变固定机制[215]。干燥定型处理过程中,过热蒸汽的温度越高,柚木内部中的水分排出就越快,但内部所产生的干燥应力就越大,再加上试件弯曲中产生的拉伸应力和压缩应力,都会使试件的弯曲面出现变形、开裂等问题。因此,适宜的处理温度和处理时间,有利于减小弯曲构件在干燥处理时的内应力以及湿热条件下的形变回复率,从而提高柚木弯曲构件的干燥定型质量。

5.4.3　初含水率的影响

　　设定弯曲构件干燥定型的处理温度为 130 ℃、升温速率为 30 ℃/h、处理时间为 2 h,分析初含水率对弯曲构件形变回复的影响。经过浸水测试,弯曲构件的弦长变化值和形变回复率如表 5-7 和图 5-4 所示。由表 5-7 可以看出,当初含水率为 40% 时,对弯曲构件进行过热蒸汽干燥定型,其浸水后的弦长变化值为 23.2 mm,变化值最大,而初含水率为 50% 时,弦长变化值为 19.7 mm,变化值最小。这主要是由于当初含水率较高时,过热蒸汽干燥定型会使柚木弯曲处的纤维产生干燥定型质量缺陷[216],限制了弯曲构件的弹性回复。由图 5-4 可知,当初含水率为 20%~50% 时,形变回复率分别在 2.26%~5.45%、2.02%~5.13%、2.30%~5.74% 和 2.50%~4.86% 区间变化,数据相差不大,这表明初含水率对试件本身的形变回复影响并不显著,但过高的含水率易导致柚木弯曲构件产生干燥定型质量缺陷。

表 5-7　不同初含水率条件下弯曲构件吸水弦长变化测试结果

初含水率	弦长 /mm					
	浸水前	24 h	48 h	72 h	96 h	120 h
50%	407.5	417.7	420.8	425.7	426.2	427.2
40%	404.1	413.4	418.1	423.8	425.6	427.3
30%	401.5	409.6	414.7	420.6	421.8	422.1
20%	403.3	412.4	416.1	423.9	424.9	425.3

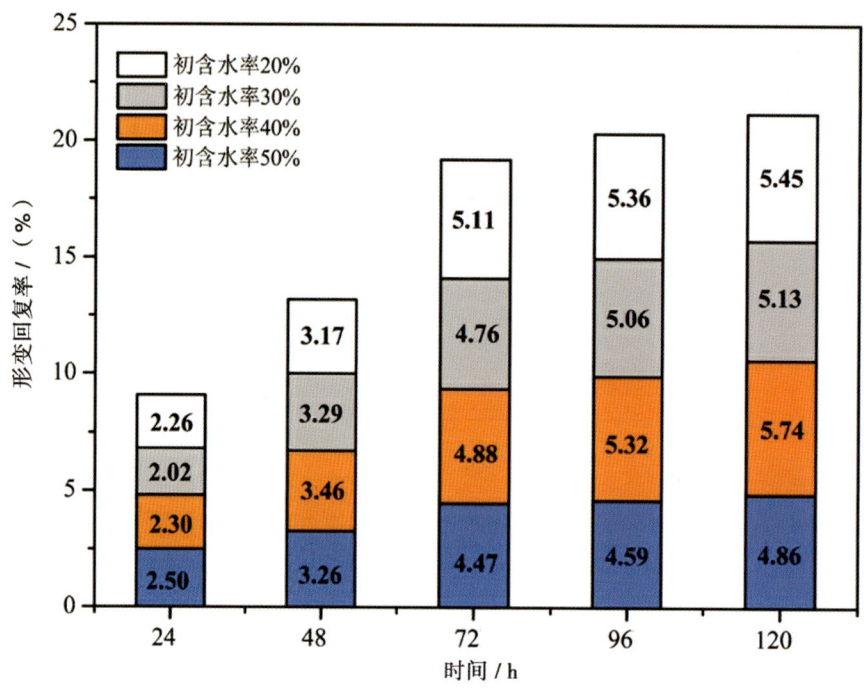

图 5-4　初含水率对柚木弯曲构件形变回复率的影响

5.5　过热蒸汽干燥对弯曲构件回弹力学性能的影响

木材是一种黏弹性材料,这决定了其在弯曲过程中纤维素结晶区在弯曲力矩作用下首先发生弹性变形,当继续施加外力时,木材就会发生塑性变形,那么在这个弯曲过程中,弹性应变所产生的能量凝聚在木材纤维素大分子之中[217]。同时,柚木在弯曲后,会存在一定的残余应力,这会使木材内部结构发生一定的构造变化,但是木材内部的氢键和共价键没有产生破坏,因此木材软化弯曲属于暂时性形变。当弯曲构件在湿热条件下,其内部储存的能量就会得到显现,进而出现弹性回复。通过上一节柚木弯曲构件的形变回复试验发现,过热蒸汽干燥定型处理可以使木材内部半纤维素减少,进而使支链上大量的亲水基团被破坏,最终使弯曲构件的浸水形变回弹率降低。同时,木材的这种弹塑性变化特征与木材的化学成分有着紧密的联系,进而影响其形变回复率。

本节采用吸水回弹力学装置测试自由水对柚木弯曲构件回弹力学性能影响,进而分析试件回弹力与柚木化学成分和形变回复率的相关性;通过动态热机械分析仪测试柚木弯曲构件在不同干燥介质条件下的黏弹性变化,从微观力学角度揭示过热蒸汽处理有利于弯曲构件干燥定型的内在原因。

5.5.1　吸水回弹力分析

柚木弯曲构件在不同干燥条件下进行弯曲定型,其吸水回弹力如图 5-5 所示。由图 5-5(a)可以看出,过热蒸汽定型处理条件下的弯曲构件,其吸水回弹力均随着处理时间的延长呈现先逐渐增加后趋于平稳的状态,而常规干燥定型则呈现先陡然增加后趋于平稳的状态。这主要是因为弯曲构件在常规干燥定型过程中并不会改变木材的化学组分,而在弯曲过程中木材的弹性应变能量储存在纤维素大分子之中,在水浸泡条件下会迅速引发较为剧烈的回弹力,使木材的吸水回弹力提高,尺寸稳定性变差。

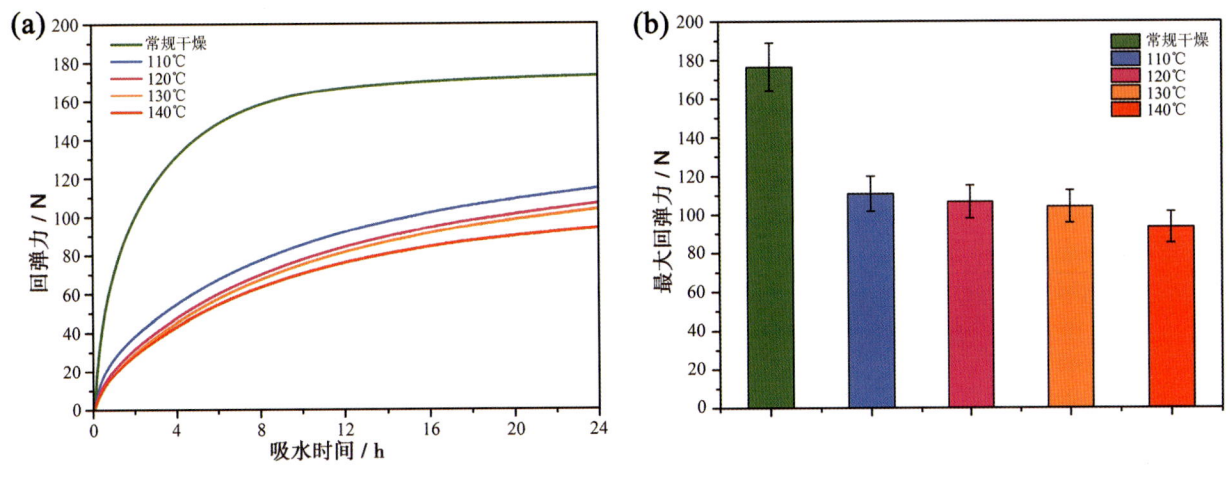

图 5-5　柚木弯曲构件的吸水回弹力

（a）回弹力曲线，（b）最大回弹力

如图 5-5(b) 所示,柚木弯曲构件在常规干燥条件下的吸水回弹力最大,约 176.45 N,而经过 110 ℃、120 ℃、130 ℃ 和 140 ℃ 的过热蒸汽干燥之后,吸水回弹力出现较为明显的下降,分别为 110.35 N、106.71 N、104.01 N 和 93.24 N,与常规干燥试件相比,各自降低了 37.46%、39.52%、41.05% 和 47.16%。这主要是由于试件在过热蒸汽处理过程中,其化学成分在高温高湿条件下出现了一定降解,使弯曲构件内部的残余应力得到了释放,致使试材在浸水试验中的吸水回弹力较常规干燥试件出现了大范围下降。在过热蒸汽处理过程中,当介质温度为 140℃ 时,柚木弯曲构件的回弹力降低幅度最大,也可能与弯曲构件在干燥定型时发生质量缺陷有一定关系。

图 5-5(a) 中的曲线斜率显示出过热蒸汽处理弯曲构件的初始回弹力速率明显低于常规干燥定型弯曲构件。常规干燥处理材的吸水膨胀力大约在 12 h 之后处于平稳状态,而过热蒸汽干燥定型的构件在 24 h 之后趋于平稳状态。这主要与过热蒸汽干燥定型处理前后试材的亲水性能有关。过热蒸汽处理过程中,柚木弯曲构件中的半纤维素出现了一定幅度的降解,其支链上的亲水基团相对减少,细胞壁上的有效吸附位点数量变少[218],造成吸水性能下降,因此弯曲构件的吸水速率和吸水回弹力明显降低。

弯曲构件吸水回弹力的相关性如图 5-6 所示。其中,图 5-6(a) 展示了弯曲构件的吸水回弹力与木材化学成分含量的相关性,由图可知,弯曲构件的吸水回弹力主要与半纤维素呈线性相关性,相关系数 R^2 为 0.912。图 5-6(b) 呈现了弯曲构件的吸水回弹力与形变回复率的相关性,弯曲构件的吸水回弹力与形变回复率为正相关,拟合度为 0.995。这表明弯曲构件吸水回弹力与柚木化学成分中半纤维素的变化直接相关,这也与本章 5.4.1 节中弯曲构件形变回复率与化学成分相关性分析相一致。对试验数据分析可知,柚木在弯曲干燥定型之后的形变回复现象,主要与化学成分的变化有着紧密的关系,在力学上归因于木材弯曲过程中储存在内部的残余应力,进而引起弯曲构件的吸水回弹力发生变化。因此,过热蒸汽处理弯曲构件的干燥定型,其机理是在高湿热条件下改变木材的化学成分,从而使其内部的残余应力得到合理释放,降低吸水回弹力和形变回复率,最终提高弯曲构件湿热形变固定的效果。

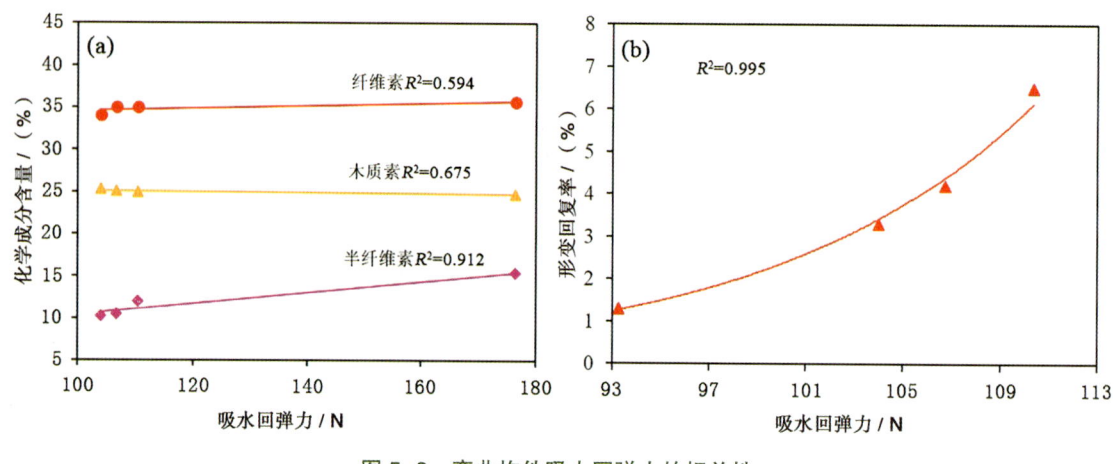

图 5-6　弯曲构件吸水回弹力的相关性

（a）化学成分含量，（b）形变回复率

5.5.2　动态热机械分析弯曲构件的黏弹性变化

1.弯曲构件的储能模量

在动态黏弹性变化分析中,储能模量 E' 反映了材料在交变应力作用下一个周期内存储能量的能力,是表征木材变形后回弹的指标。储能模量符合胡克定律,在同等形变条件下,储能模量越高,试件刚性就越大,材料也就不易发生变形[185]。

图 5-7 为柚木弯曲构件处理前后的储能模量。由图 5-7 可知,在 30～300 ℃ 条件下,各组试件的储能模量值均随着温度的上升而呈下降趋势。这是由于在较低温度条件下,木材细胞壁中的分子能量低,聚合物处于玻璃态,分子链和链段都不能运动,储能模量较大。而在高温条件下,木材细胞壁中的分子热运动能量提高,大分子中链段、支链或侧基等尺度结构单元逐渐开始运动,因此引起储能模量逐渐减少[219]。

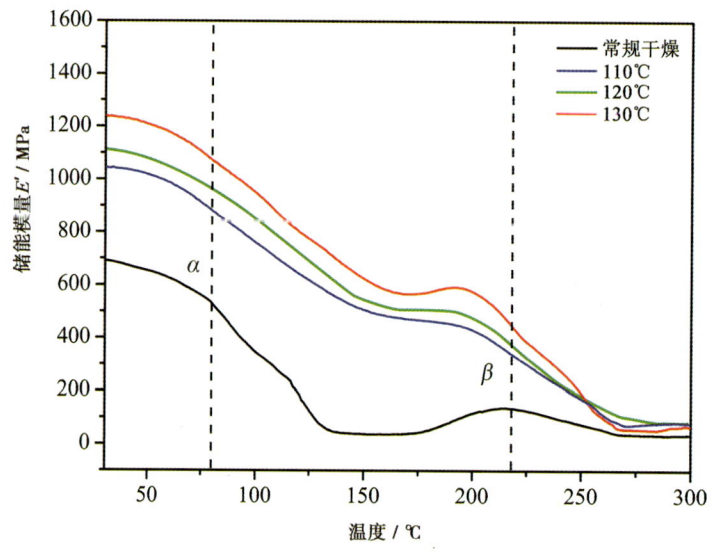

图 5-7　柚木弯曲构件处理前后的储能模量

与常规干燥试件相比,过热蒸汽处理弯曲构件的储能模量明显提高,即弯曲构件的刚性增强。一方面,由于过热蒸汽处理过程中半纤维素发生一定降解,造成柚木内部亲水基团减少,吸水性能减弱,继而引起弯曲构件的韧性降低[220],同时,半纤维素的降解会使纤维素微纤丝聚合,进一步提升了试材的刚性;另一方面,过热蒸汽处理也会使木质素发生一定的交联反应,形成较为稳定的网络结构[221]。试件在这样较为温和的过热蒸汽处理条件下,促使柚木的主要化学成分相互作用,增加了内部的储能模量,提升了木材的刚性。这也说明过热蒸汽处理弯曲构件干燥定型,使木材的化学成分发生变化,进而降低了形变回复率和回弹力,提高了弯曲构件的尺寸稳定性。

试件的储能模量曲线有 α 和 β 两个主要的松弛峰,分别位于 80 ℃ 和 220 ℃ 附近。与常规干燥试件相比,过热蒸汽处理试件的 α 和 β 峰的位置均发生了左移,且峰值增大,这是由于弯曲构件经过热蒸汽处理之后,柚木中不稳定的化学成分发生降解,从而使其吸湿性能下降,热稳定性提高[222]。过热蒸汽处理后,柚木纤维素微纤丝的排列更加紧密,结晶度提高,也促使了储能模量的提高。

2. 弯曲构件的损耗模量

在动态黏弹性变化分析中,损耗模量 E'' 反映了材料在一个变化周期内消耗能量的能力,是表征材料发生形变的热量消耗指标。损耗模量是黏弹性材料性能的一个重要参数,其模量越大,材料的阻尼损耗因数就越大[223]。图 5-8 为柚木弯曲构件处理前后的损耗模量,由图可知,过热蒸汽处理的弯曲构件比常规干燥试件的损耗模量有所提高,说明处理材的内部能量损耗提高,这是由于过热蒸汽处理后,柚木的化学成分发生相互作用,促使纤维素相对结晶度和聚合力增加,分子链之间的摩擦加大,试件的热损耗模量也就相应提高。

在 30~300 ℃ 测试范围内,各组试件出现了 α 和 β 两个主要的松弛峰,分别位于 220 ℃ 和 100 ℃ 附近。主要松弛峰 α 代表试材的玻璃化转变温度(T_g),归因于木材的主要成分大范围发生热解反应,内部高分子聚合物热运动能力快速增加[224]。在玻璃化转变温度以下时,木材聚合物运动滞后于交变应力,分子链运动受限,内部摩擦增大,损耗模量较大;当温度在玻璃化转变温度以上时,木材聚合物运动与交变应力同步,使木材的黏性降低,损耗模量逐渐降低。

与常规干燥试件相比,过热蒸汽处理弯曲构件的主要松弛峰 α 出现不同程度的前移且峰值提高的现象,主要是由于木材内部发生了交联反应,使力学损耗峰升高[225];次要松弛峰 β 的位移和峰值变化,可能与稳定性较弱的半纤维素的玻璃化转变温度发生变化引起力学松弛有关。通过以上分析可知,过热蒸汽处理使柚木的化学结构和成分发生变化,引起损耗模量较常规干燥试件较大,进而促使弯曲构件在降低吸水回弹力、提高尺寸稳定性等方面的性能得到有效改善。

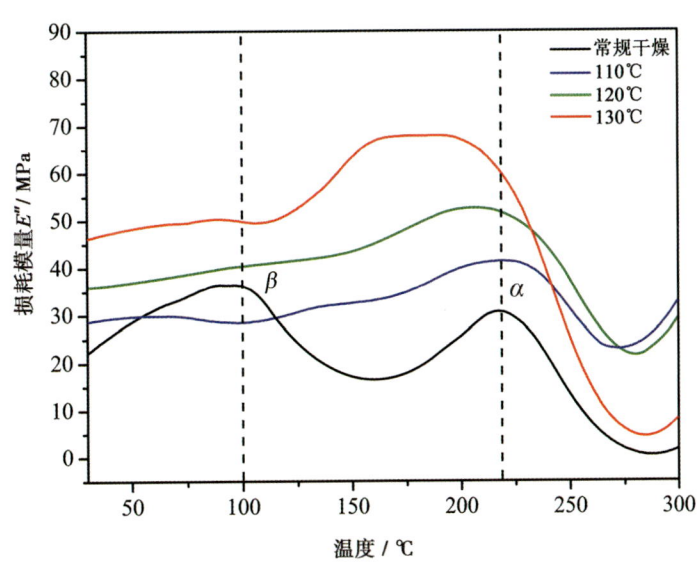

图 5-8　柚木弯曲构件处理前后的损耗模量

5.6 本 章 小 结

本章采用过热蒸汽的方式对柚木弯曲构件的定型技术进行了比较系统的研究,通过浸水试验分析了过热蒸汽处理前后柚木的形变回复性能和回弹力学性能,并揭示了过热蒸汽干燥定型易于弯曲构件形变固定的原因,主要研究结论如下。

(1)采用单因素分析法,研究过热蒸汽处理对柚木弯曲构件干燥定型质量的影响。在介质温度为110～140 °C条件下对弯曲构件进行干燥定型,当温度达到130 °C时,试件的干燥定型质量较为理想;在初含水率为20%～50%条件下对弯曲件进行干燥定型,其中初含水率30%左右为宜;在升温速率为20～90 °C/h条件下对弯曲件进行干燥定型,其中升温速率60 °C/h比较合适。

(2)通过120 h浸水试验,分析过热蒸汽对柚木弯曲构件形变回复的影响。在常规干燥定型条件下,弯曲构件的吸水形变回复率在11.90%～24.86%范围内变化。经过热蒸汽110 °C、120 °C、130 °C和140 °C处理后,形变回复率分别在6.60%～15.33%、4.00%～10.24%、2.02%～5.13%和1.61%～4.30%区间变化,弦长变化率的趋势没有发生变化。

(3)利用吸水回弹力学装置,分析过热蒸汽对柚木弯曲构件回弹力学性能的影响。柚木弯曲构件在常规干燥定型条件下的吸水回弹力最大,约176.45 N,而经过热蒸汽110 °C、120 °C、130 °C和140 °C处理之后,吸水回弹力出现较为明显的下降,分别为110.35 N、106.71 N、104.01 N和93.24 N,与常规干燥试件相比,各自降低了37.46%、39.52%、41.05%和47.16%。这主要是因为过热蒸汽处理使柚木的化学成分发生变化,尤其是半纤维素的降解,使木材内部的残余应力得以释放,破坏了木材中的亲水基团,从而降低了弯曲构件的回弹力。

(4)采用动态热机械分析仪,研究柚木弯曲构件的黏弹性变化。经过热蒸汽110 °C、120 °C和130 °C处理的弯曲构件,其储能模量和损耗模量呈上升趋势。柚木主要化学成分的相互作用,使柚木的储能模量和损耗模量发生了变化,提升了其刚性,降低了其吸水形变回复率和回弹力。

第6章　柚木曲木家具的节点优化设计研究

6.1　引　言

椅类家具是家具造物艺术中最具有特色的器物之一,也最能体现设计智慧和匠意文心[226]。更为重要的是,它是人们日常生活中必不可少的支撑性承重家具,其使用频率较高,在使用过程中比其他类型的家具更容易被破坏。曲木椅作为椅类家具中的一种特殊产品造型,以流畅的线条、优美的造型、舒适的功能以及精湛的工艺受到众多消费者的青睐,但其结构设计要求具有一定的特殊性。

在家具结构设计中,设计师往往通过设计经验来确定弯曲构件的造型和尺寸,对构件之间的接合性能、力学强度以及整体载荷缺乏系统的精准定位和科学分析[227],从而造成家具产品的主体结构质量与造型形象研究不同步。尤其是柚木在经过软化弯曲,做成曲木家具产品之后,其弯曲程度与其他构件接合所产生的强度问题不同于以往研究的T形和L形构件。因此,在塑造曲木家具造型艺术的同时,采用科学的手段对结构强度进行系统分析应该成为研究者首要考虑的问题。

家具结构强度设计主要从几个主要程序着手:一是确定家具在使用过程中所能承受的载荷;二是根据载荷要求,设计家具构件和连接件的尺寸;三是计算出家具在载荷条件下的应力和形变情况;四是修改构件尺寸,调整结构,使家具各构件能承受外部载荷;五是设计家具节点,使其能够承受外部的载荷作用而产生的构件内力。

家具节点是指家具构件的接合处,就如人体的"关节"一样,连接着家具结构的各个部分。节点是家具结构中最为薄弱的部位,在使用过程中极易发生破坏[228]。对于曲木家具来说,其节点的特殊性在于构件连接形式和结构强度具有特殊之处。因此,针对曲木家具的节点强度问题进行研究,对提高曲木家具的结构强度具有重要的现实意义。

有限元分析技术是将数值分析、结构力学和计算机技术相结合的一种现代计算方法。我国将其应用到家具结构领域始于20世纪90年代,主要是通过研究和解决家具构件中应力与形变的关系,修正零部件的尺寸,达到提高家具整体结构强度的效果,目前已经成为优化和提升家具结构设计性能的一种关键技术[229]。有限元分析技术的基本原理是:将求解分析对象划分为具有有限个自由度的离散单元,且各单元之间在有限的节点处相互联结,即用离散单元数和节点数表达原来的连续体;解出以节点位移为变量的线性方程组即可得到连续体上节点的位移,进而求得各单元的应力应变分布规律。此外,有限元分析技术因具有精确的结构优化方法而被广泛应用。

目前,人们将有限元分析软件ANSYS广泛应用到家具产品的研发中,用于提高和优化家具的结构性能。众多研究者通过ANSYS分析家具搁板、T形和L形构件、家具框架等,数字模拟了这些家具构件在静载荷作用下的力学性能和结构变化[230],这些研究内容与范式已经无法满足人们对现代家具结构性能的进一步优化。近年来的研究内容已扩展到家具结构中的循环载荷和冲击载荷、间隙配合与过盈配合、节点强度与结构优化等方面,这大大提高了家具结构力学性能分析的科学性和精准性。

柚木作为曲木家具弯曲构件中的一种新材料,对整体家具结构强度的影响往往需要大量的试验研究才能明确。为缩短试验过程,降低成本,提高柚木曲木家具的结构强度,本章通过有限元软件ANSYS和试验相结合的方法,对家具结构强度进行研究:首先对弯曲构件在家具上的主要应用部位进行梳理,分析弯曲构件在各个部位上的造型特点,探索弯曲构件在家具产品上的应用规律,继而将曲木椅作为研究对象进行方案设计;利用ANSYS对曲木椅力学载荷进行分析,找到家具结构中最容易破坏的位置,并进行节点优化设计,从而获得较为理想的节点配合关系。这种研究方式为拓宽人工林柚木的应用范围、探索新家具产品研发等方面提供了新的思路与方法。

6.2 弯曲构件的应用及造型特点

弯曲构件在椅凳、桌凳、床榻、柜架等类型家具中都有所应用,其不同的曲线走向以及与其他构件的组合,赋予了家具优美的造型、优越的实用性以及刚柔相济的审美艺术。根据弯曲构件的截面形状,弯曲构件主要包括线型弯曲构件和板型弯曲构件[231]。线型弯曲构件是以线条形式对实木进行弯曲的家具构件,特点为简洁大方、优雅美观、灵秀生动,其加工工艺易于实现。板型弯曲构件是以曲线的形式对木板进行弯曲的家具构件,特点为稳健朴实、科学严谨、自然和谐,其弯曲力学对弯曲厚度和弯曲面产生较大的力学作用,加工工艺相对复杂。

新中式曲木椅大多从中国传统圈椅中汲取造型元素,形成了一系列较为经典的中国椅类家具产品,并在市场上广泛推广应用,得到了众多消费者的青睐。本研究根据现代产品的市场调研、图书查阅以及网络检索,从新中式家具企业、独立家具品牌和家具设计大师作品中共整理出近百个椅类家具产品,梳理出曲木家具产品中弯曲构件的应用规律和造型特点。

在椅类家具产品中,椅圈、靠背板、搭脑、腿足、座板、联帮棍、鹅脖等构件,都涉及弯曲构件的应用。

6.2.1 椅圈弯曲构件

椅圈是中国传统圈椅构成部件中最具独特性的一部分,后背搭脑沿弧线顺势向下,和扶手连为一体,构成了围合的圆形,整个曲线走向圆滑流畅。圈椅不同于其他椅类家具,其他椅类家具的椅背搭脑和扶手是独立的,且力学支撑点互不牵连,圈椅的搭脑和扶手则融为一体。圈椅扶手除了具有传统扶手的功能,还对上臂起支撑作用,实现了功能与造型的高度统一。

中式椅圈弯曲构件的类型及造型特点如表6-1所示。

表 6-1　中式椅圈弯曲构件的类型及造型特点 [232-233]

样式	图例	特点
扶手出头 1		搭脑与扶手连为一体，形成围合的椅圈结构。以靠背板为中心，搭脑沿两侧呈弧线顺势而下，并逐渐内收，至扶手近端处向外翻转，形成具有多圆心的优美曲线
扶手出头 2		椅圈结构呈圆弧状，搭脑下移，扶手后收，上臂至扶手位置弯曲程度减小，扶手端部造型简约
扶手不出头 1		椅圈扶手不出头，与鹅脖相拼接，或者直接弯曲而成，从搭脑至扶手，再到鹅脖位置，一气呵成，整体感较强
扶手不出头 2		椅圈扶手不出头，与鹅脖相接，进而向后弯曲至后腿处，很少有联帮棍，曲线造型强，但对材料的弯曲性能要求高

6.2.2 靠背板弯曲构件

在曲木椅家具产品中,在后背中部设有靠背板,或者成排的木条,对腰部起到支撑作用。从造型上看,靠背板有"S"形、"C"形和"平直"形之分 [234],相对"平直"形而言,前两者增强了曲木构件的倾斜度,更加符合人体工程学,同时与曲木椅后腿曲线构件形成呼应,塑造了家具产品造型的空间稳定性。功能不同的椅类家具产品的靠背倾斜角度也略有差异,以满足不同现实场景的需要。在现代曲木椅的设计中,靠背时常做成竖向分布的木条,与其他家具构件巧妙组合,形成虚实相生、曲直相依的造型艺术形象。

靠背板弯曲构件的类型及造型特点如表 6-2 所示。

表 6-2 靠背板弯曲构件的类型及造型特点 [235-236]

样式	图例	特点
"S"形	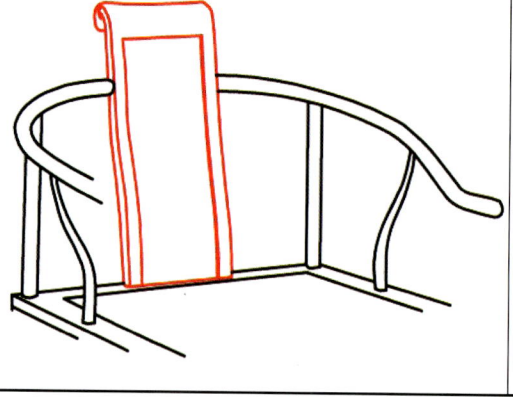	"S"形弯曲构件符合人体脊柱形状,具有"下收内放"的造型特点
"C"形		"C"形弯曲构件分为内弧弯曲和外弧弯曲,内弧弯曲用于适身式家具,外弧弯曲用于休闲式家具,整体造型比较简约
卷书式搭脑		靠背板高出椅圈,搭脑外出,上部卷曲呈弧线状,形成卷书式搭脑

6.2.3　腿足弯曲构件

腿足是为椅类家具提供"基础"力量的支撑性构件,通过不同的曲线构件,增加家具的韵味与美感,如明式家具中三弯腿、马蹄腿等。腿足的艺术魅力在于线形的巧妙表达,根据线形的走向可分为"C"形、"S"形和异形样式。"C"形样式又有内弧和外弧之分,明式的杌凳和索奈特 14 号曲木椅的腿足分别是"C"形向内弧和"C"形向外弧的代表性造型,风格各具特色。三弯腿是腿足"S"形构件的代表,走势极富动感的韵律,造型柔美,刚柔并济。异形样式的腿足构件常见于休闲曲木椅、藤椅等家具产品中。

6.2.4　其他应用部位

椅类家具的联帮棍、鹅脖、连接枨、座面的边框等部件都有涉及弯曲构件的应用。联帮棍一般制作成半弦月形或镰刀把式,与靠背板、椅圈的造型相映成趣,主要功能是支撑椅圈,提高椅子上部围合结构的稳定性;鹅脖为扶手端部与座面的纵向结构部件,又具有较强的装饰艺术特征,在造型上以曲线为主[237]。在曲木椅家具产品中,根据造型艺术和结构功能的需要,也出现了形态迥异的弯曲连接枨和座面弯曲边框,生动地显现了精益求精的细节制造工艺,体现了家具的艺术美学气质。

6.3　曲木椅的方案设计

根据李琼[238]针对消费者对现代曲木家具需求的分析,结合当代家具审美文化特征与审美倾向,可发现人们在购买产品时,优先考虑较多的因素是家具的款式、功能和舒适度。在家具的风格上,年轻消费者更喜欢现代简约、舒适实用和造型时尚的款式,比较热衷于曲直相依、方圆共体的产品造型。本研究基于市场分析,从年轻消费者的需求出发,结合前期柚木弯曲构件的软化弯曲成型技术,深入考虑弯曲构件的应用部位、造型变化和结构连接方式,对现代曲木椅进行造型设计,并探索固装式结构和拆装式结构曲木椅的节点优化设计方法,以改善弯曲构件的接合性能,提高曲木椅的结构强度,实现曲木家具造型与结构设计一体化的设计思路。

6.3.1　设计定位与方法

本方案设计构思以中国传统圈椅的围合结构为基础,根据索耐特 14 号椅的拆装式结构和扁平化包装设计理念进行构思。在材料上充分考虑柚木的弯曲性能(弯曲系数),在造型上借鉴中国传统圈椅的围合结构,在结构工艺上采用固装式结构和拆装式结构,设计作品既保持了曲木椅的曲线造型艺术,又提高了曲木椅的功能性和舒适度。

6.3.2　方案展示设计

(1)曲木椅设计效果图如图 6-1 和图 6-2 所示。

(2)曲木椅的固装式结构和拆装式结构细节图如图 6-3 所示,曲木椅是由靠背、扶手、椅腿以及座面外框等实木弯曲构件和"工"字形支撑构件组成。在曲木椅的结构设计中,可采用固装式结构和拆装式结构,固装式结构以过盈配合的方式进行连接,拆装式结构以圆棒榫和预埋式五金件相结合的方式进行连接,接合点使用圆棒榫进行定位,并承受座面抗剪力和扭转力,预埋螺母与螺杆则对构件起到锁紧作用。在座面支撑结构设计中,由于椅腿截面面积的局限,为减小椅腿榫孔节点对结构强度的影响,将侧望板与椅腿的节点转移至前后望板,形成内在结构聚合力,然后再将座面载荷传递给椅腿。另外,由于椅圈、扶手至椅腿的实木弯曲曲线较长,且涉及多维弯曲,借鉴传统圈椅的结构连接方式,在扶手处采用楔钉榫进行接合。

图 6-1 曲木椅单体设计效果图

图 6-2 曲木椅场景设计效果图

图 6-3　曲木椅的固装式结构和拆装式结构细节图

(3) 曲木椅主要尺寸图如图 6-4 所示。

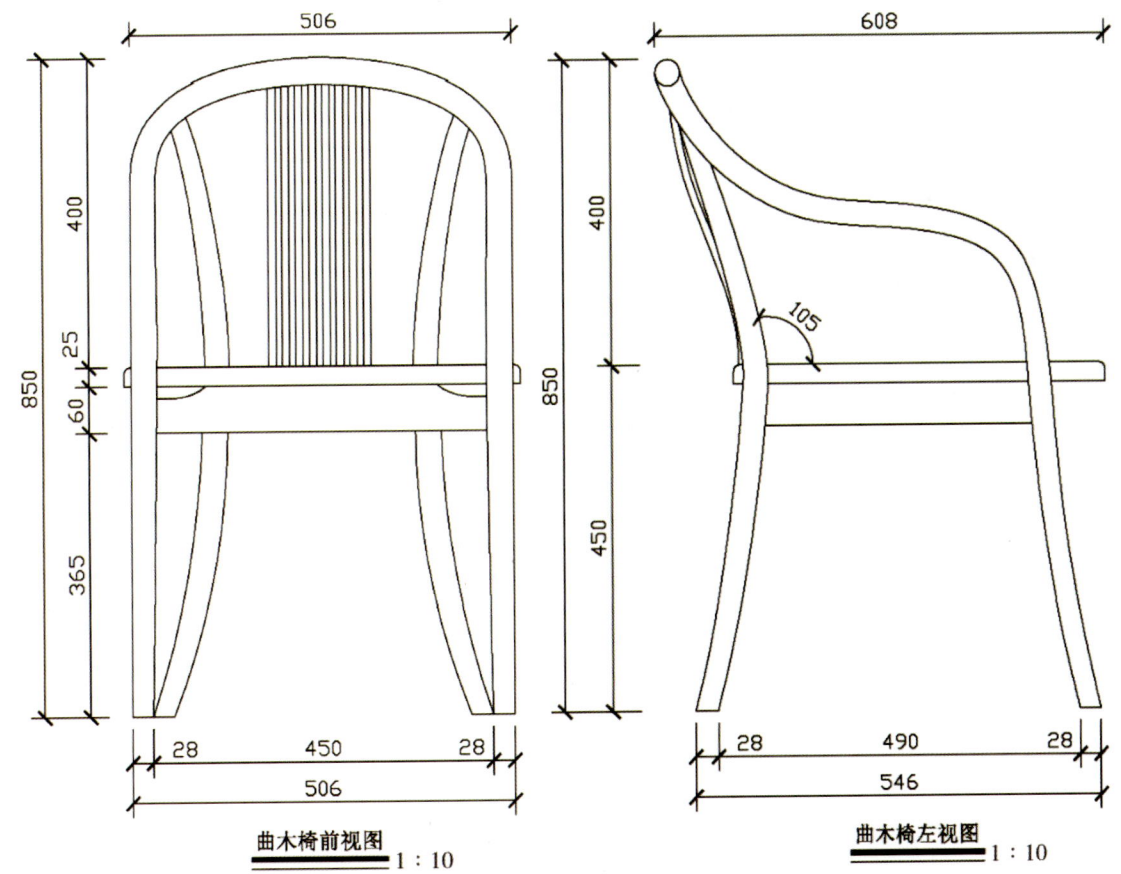

曲木椅前视图　1∶10

曲木椅左视图　1∶10

图 6-4　曲木椅主要尺寸图

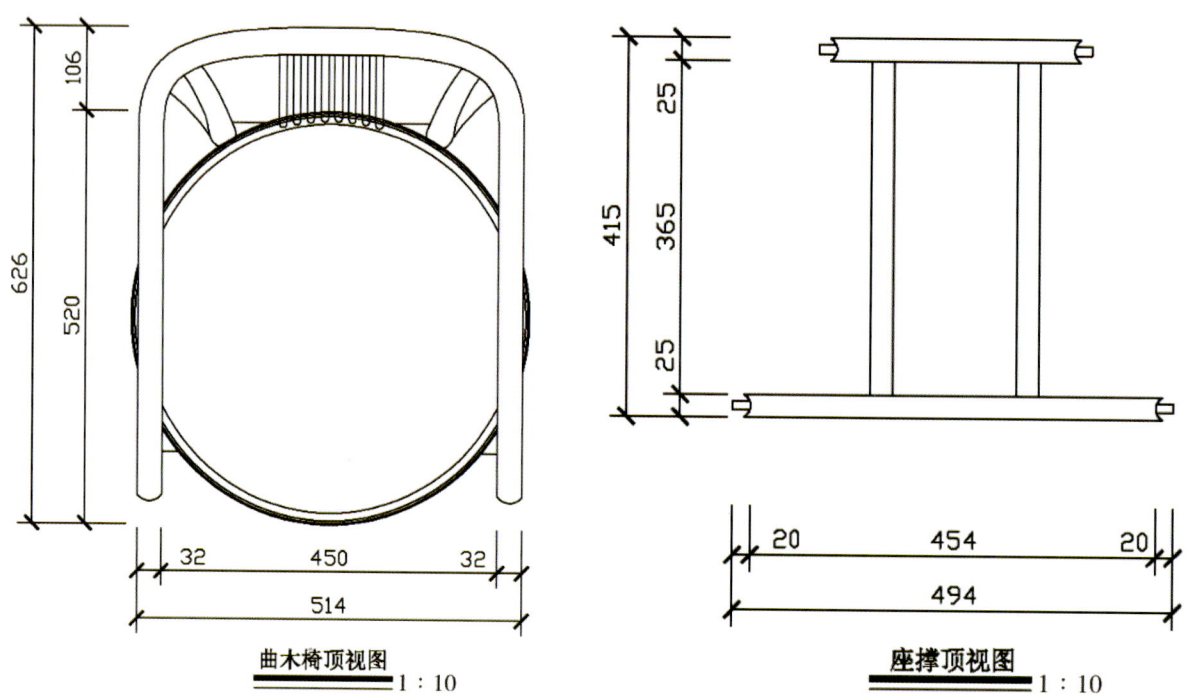

续图 6-4

6.4 固装式曲木椅节点优化设计

根据家具构件的连接方式,可将曲木椅的结构分为固定式结构和拆装式结构。固定式结构的特点是家具各零件之间主要采用榫卯接合,在家具生产加工车间一次性装配而成,无法进行再次拆装,结构较为牢固;拆装式结构采用五金件和圆榫相结合的方式,由用户根据预制配件自行安装,拆装和运输较为便捷。

6.4.1 前期处理

(1)Solidworks 2020 软件建模。

根据图 6-4 的主要尺寸,利用 SolidWorks 2020 软件建立固装式曲木椅几何模型,曲木椅的总高为 830 mm,坐高为 450 mm,坐宽为 460 mm,坐深为 420 mm,曲木直径为 32 mm(最细处为 23 mm),具体模型如图 6-5 所示。

整体模型建立好后,将其导入有限元软件 ANSYS Workbench 中,将各构件之间的接触方式设置为"绑定",然后进行家具力学强度分析。

(2)材料参数导入。

曲木椅的加工材料主要由柚木和金属五金件两种材料组成。柚木作为一种木材,具有各向异性的特点,在有限元的力学分析中涉及的材料属性主要包括密度、弹性模量(包括纵向 E_L、径向 E_R、弦向 E_T)、剪切模量(包括顺纹 – 弦向 G_{LT}、顺纹 – 径向 G_{LR}、水平方向 G_{LR})、泊松比(μ_L)等内容。

图 6-5　曲木椅模型图

柚木经过软化液浸渍 – 蒸汽协同软化、加压弯曲以及干燥定型之后,其物理力学性能都发生了一定的变化。参照王丽宇、张帆等[239-240]利用电测法对木材弹性常数的测试和计算方法,获得柚木处理前后的弹性常数,并与其他常用曲木家具用材进行比较分析,结果如表 6-3 所示。通过比较分析数据可知,柚木经过一系列的软化改性处理并待干燥定型后,其密度、9 个弹性常数和抗弯强度发生了一定变化,这与第 3 章的研究结果相一致,也与丁涛等人对木材的力学性能变化分析结果相类似[241]。

表 6-3　人工林柚木及几种曲木家具用材的弹性常数

树种	ρ / (g/cm^3)	E_L / MPa	E_R / MPa	E_T / MPa	G_{LT} / MPa	G_{LR} / MPa	G_{TR} / MPa	μ_{LR}	μ_{LT}	μ_{RT}	σ / MPa
柚木素材	0.577	8621	1262	610	516	920	196	0.42	0.48	0.68	45.70
处理柚木	0.616	9680	1520	780	690	1092	217	0.47	0.51	0.72	56.17
白蜡木	0.670	15790	1516	827	896	1310	269	0.46	0.51	0.71	48.93
山毛榉	0.750	13700	2240	1140	1060	1610	460	0.45	0.51	0.75	56.31
榆木	0.670	7472	674	163	110	145	96	0.47	0.52	0.66	40.20
桦木	0.640	9702	1955	832	609	971	218	0.46	0.55	0.83	47.32

将所测的力学参数导入有限元软件 ANSYS 中,创建曲木椅实体模型的材料属性,如图 6-6 所示。根据 ANSYS 模型进入 Design Modeler 建模平台,显示曲木椅的整体模型图,如图 6-7 所示。

	A	B	C	D	E
1	Property	Value	Unit	⊗	⊕
2	🗒 Material Field Variables	🗔 Table			
3	🗒 Density	0.616	g cm^-3		
4	⊟ 🗒 Orthotropic Elasticity				
5	Young's Modulus X direction	9680	MPa		
6	Young's Modulus Y direction	1520	MPa		
7	Young's Modulus Z direction	780	MPa		
8	Poisson's Ratio XY	0.47			
9	Poisson's Ratio YZ	0.51			
10	Poisson's Ratio XZ	0.72			
11	Shear Modulus XY	690	MPa		
12	Shear Modulus YZ	1092	MPa		
13	Shear Modulus XZ	217	MPa		
14	🗒 Compressive Yield Strength	56.17	MPa		

图 6-6　材料属性的创建

图 6-7　ANSYS 曲木椅整体模型图

6.4.2　整体载荷分析

（1）有限元网格划分。

　　网格划分是有限元软件分析过程中极为关键的一步，它对模型的分析结果可以产生直接影响。网格划分是使结构离散化，将产品模型转换成为若干个节点和单元体，一般根据家具产品模型的结构要求、精度需要、力学分布及计算速度等因素选择合适的网格类型。在 ANSYS 中主要有自动网格、四面体网格、六面体网格、多区域网格等网格类型，一般根据需要选择合适的网格类型以适应各种形状变化的产品模型[242]。网格划分数量越多，分析精度就越高，但计算时间也越长，因此在 ANSYS 分析中应该科学考虑网格数量，优化网格质量，从而提高产品模型分析的效率[243]。

为提升网格划分的质量，提高分析精度，使力学分析更加科学客观，在李萍等对网格划分的研究基础上[244]，对曲木椅实体模型进行网格划分，如图 6-8 所示。网格划分的主体部位尺寸值为 6 mm，对曲木椅的椅腿、座面、横望板、侧望板、靠背构件等关键部位进行网格加密处理，网格尺寸值为 3 mm，最终曲木椅模型的单元数为 320200 个，节点数为 540875 个。

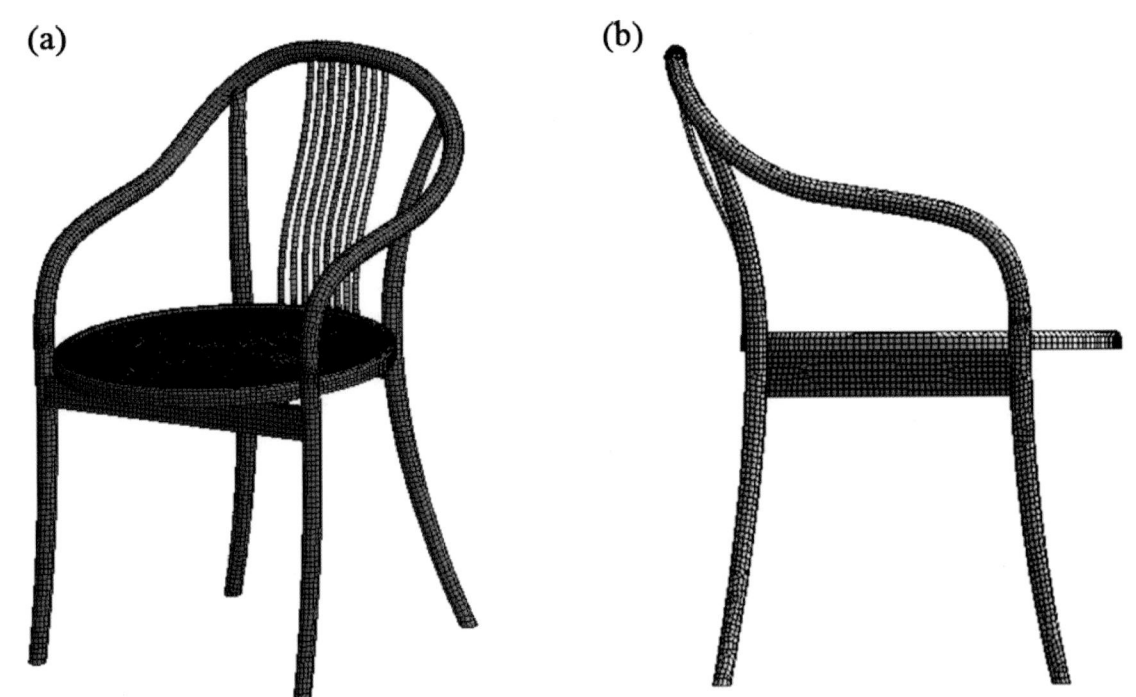

图 6-8　曲木椅的网格划分图
（a）整体网格，（b）侧视网格

(2)施加载荷与定义约束。

目前，有限元分析在实木家具结构中的应用研究主要体现在整体强度、榫卯接合强度以及其他构件接合强度方面的研究上，是利用计算机辅助工程技术模拟家具使用过程中的静载荷、冲击载荷和跌落试验[245]。不同的施加载荷方式和约束条件，会使家具结构的整体和局部产生不同的应力和形变，并作为后期家具结构优化设计的前提和基础。所以，应根据曲木椅的材料以及结构特点，结合家具力学检测的国家标准，设定模型分析中施加载荷的大小和约束条件。

曲木椅适用于休闲空间、餐厅空间等场所，在使用过程中属于使用频率较高、中载使用、易出现误用的家具，例如在超体重者长期使用或两个人同时站在座面上的应用场景下，需要达到国标《家具力学性能试验 第 3 部分：椅凳类强度和耐久性》(GB/T 10357.3—2013)的第三试验水平[246]。基于国标(GB/T 10357.3—2013)中的工况类型以及付杨、刘雨璐[247-248]的研究结果，本研究选择具有代表性的两个工况进行分析，其加载情况如下。

工况一：曲木椅的座面静载荷。加载位置为座面中心线上由前沿向里 100 mm 处，载荷力 1300 N[249]，方向垂直向下，设置椅腿无摩擦固定约束，如图 6-9(a)所示。

工况二：曲木椅的座面－椅背联合静载荷。在座面中心线上距离椅背 175 mm 处，垂直施加载荷力

1300 N,同时在椅背上沿中间位置加载垂直载荷力 450 N,如图 6-9(b)所示。

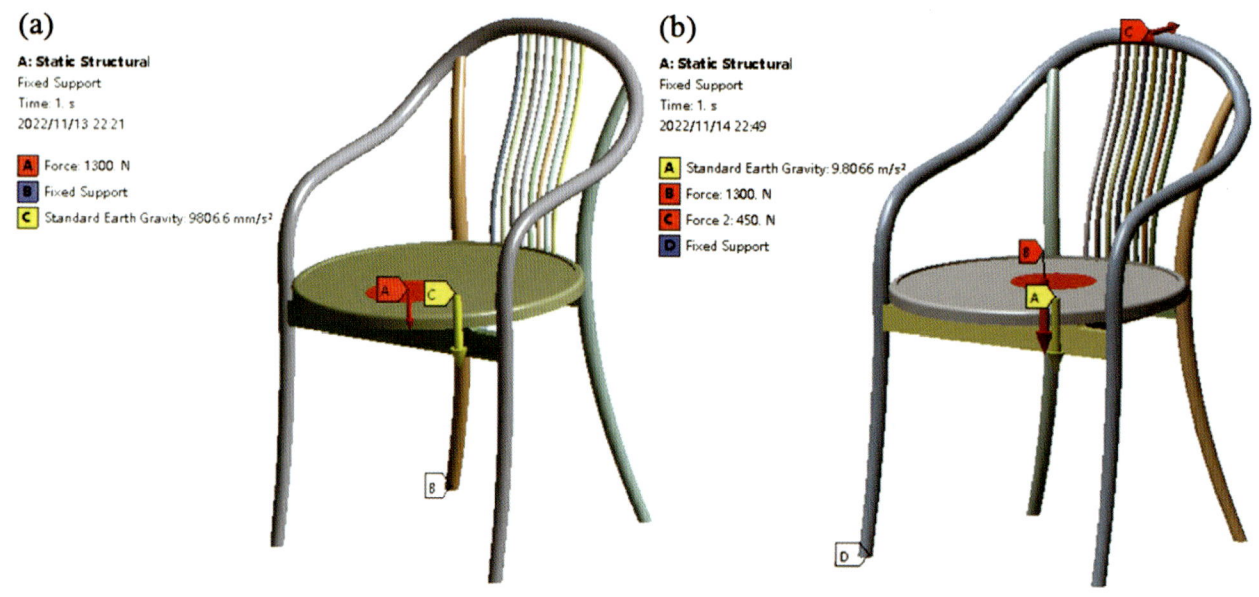

图 6-9　曲木椅的载荷与约束

（a）座面载荷与约束，（b）联合载荷与约束

(3)求解与分析。

前期的设定程序完成之后,在 ANSYS 中对实体模型进行求解,获得曲木椅的整体等效应力云图和总形变云图。云图中根据产生的应力和形变数值大小以红、黄、绿、蓝颜色表示变化区域,红色代表最大数值变化区域,蓝色代表最小数值变化区域,中间颜色依次逐渐过渡。根据模型的求解结果,我们可以判断模型建立的准确性、计算分析的合理性、模拟结果的客观性等问题。通过模型的计算求解,我们得出曲木椅在两个工况下的分析结果。

①工况一:曲木椅的座面静载荷分析结果。

图 6-10 为曲木椅在工况一下的等效应力云图。从图 6-10 中可知,对曲木椅的座面施加 1300 N 的载荷时,在前椅腿与望板连接的节点处产生最大的应力,数值为 7.82 MPa,此处的应力为顺纹抗弯应力,远小于人工林柚木的极限强度值(104.5 MPa),说明曲木椅力学结构具有可靠性,在这种应力条件下椅子结构不会被破坏,完全能满足国标第三试验水平中使用场景的需要。

图 6-11 为曲木椅在工况一下的形变云图。由图 6-11 中可以看出,曲木椅在载荷作用下产生的最大形变量位于前望板上,并向前腿两侧处延伸,数值为 2.46 mm,其次为座面和椅腿榫卯处,形变数值分别 2.42 mm、3.35 mm。另外,除主要受力部件发生形变外,其他部件也受到了一定的影响,这主要是由于该曲木椅的结构力学联动性较强。

②工况二:曲木椅的座面 - 椅背联合静载荷分析结果。

图 6-12 为曲木椅在工况二下的等效应力云图。从图 6-12 中可知,对曲木椅座面施加 1300 N 的载荷,同时对椅背施加 450 N 的载荷时,最大应力位于后椅腿与望板连接的节点处,应力值为 22.91 MPa。

图 6-13 为曲木椅在工况二下的形变云图。从图 6-13 中可以看出,椅子在载荷作用下产生的最大形变量位于椅背杆与椅圈连接的节点处,形变为 12.08 mm,而构件形变云图中,最大形变量位置转移到了座面前端,形变为 5.08 mm,这是由于两前椅腿间距宽于后椅腿以及椅圈的联动。

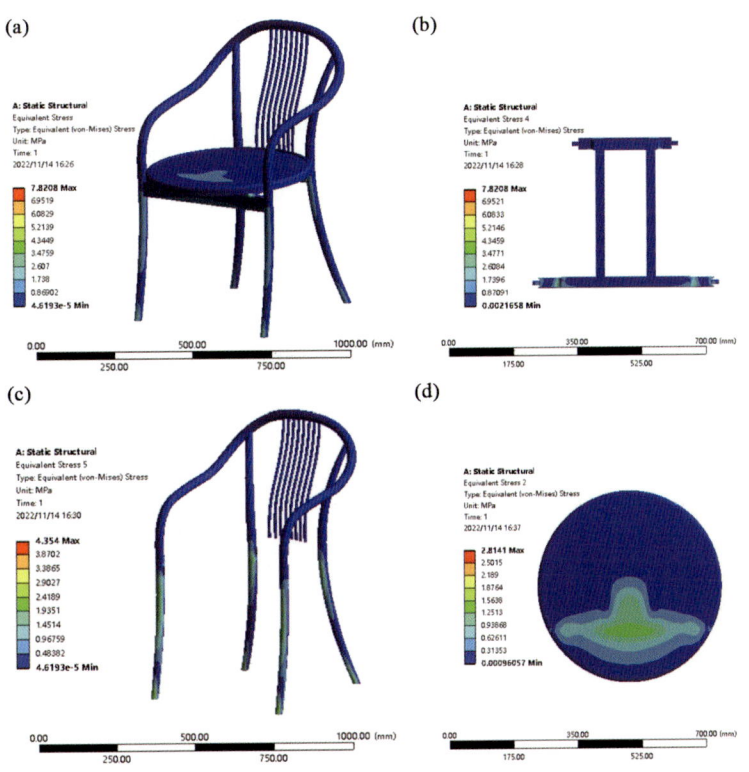

图 6-10　曲木椅在工况一下的等效应力云图

（a）整体应力云图，（b）～（d）各构件应力云图

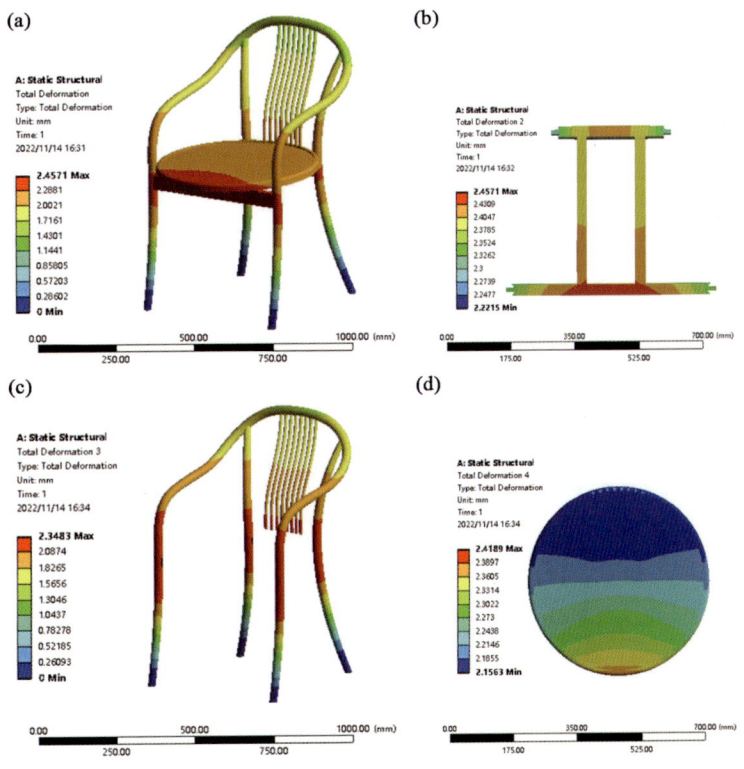

图 6-11　曲木椅在工况一下的形变云图

（a）整体形变云图，（b）～（d）各构件形变云图

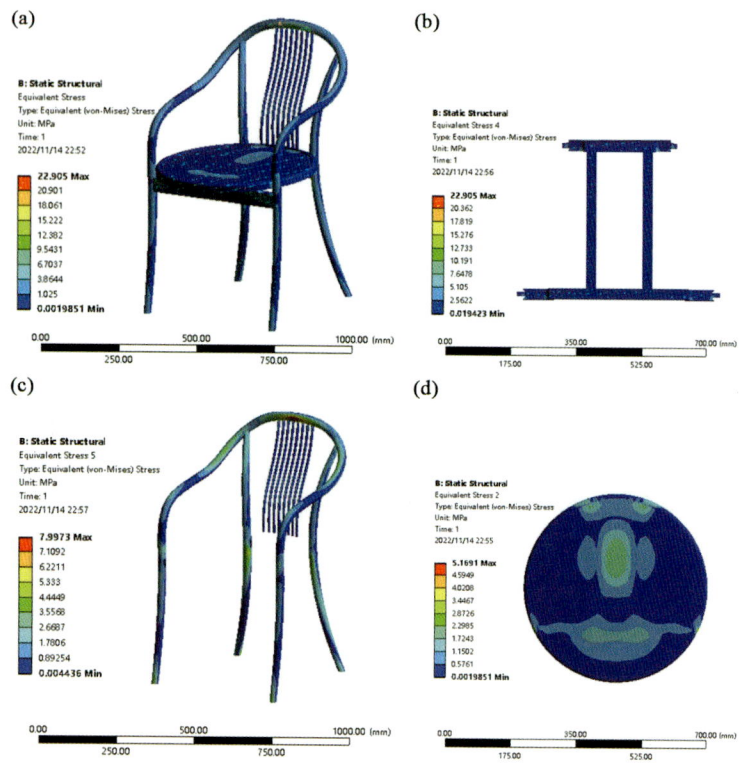

图 6-12 曲木椅在工况二下的等效应力云图
（a）整体应力云图，（b）～（d）各构件应力云图

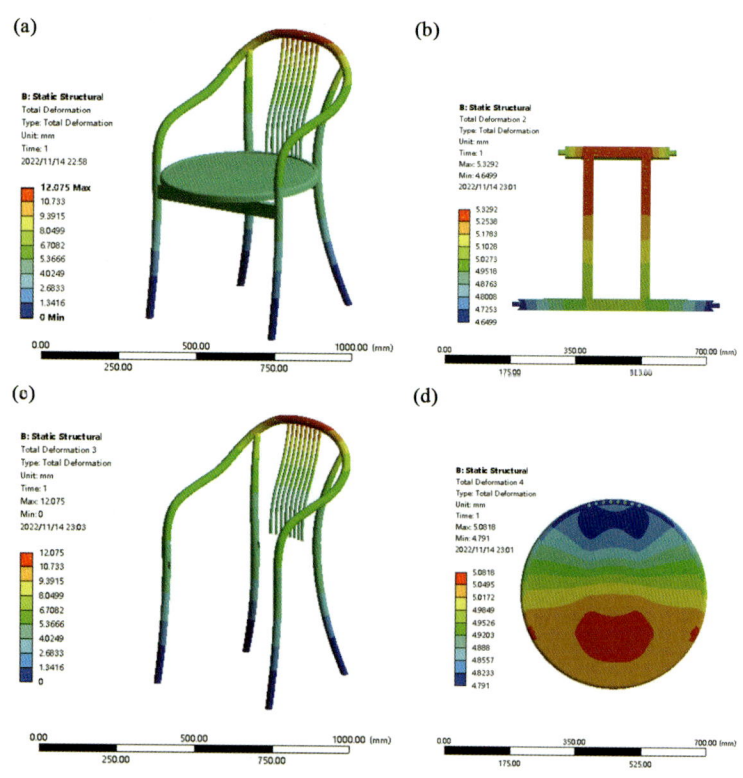

图 6-13 曲木椅在工况二下的形变云图
（a）整体形变云图，（b）～（d）各构件形变云图

6.4.3　冲击载荷分析

冲击载荷分析是研究曲木椅在承受一定冲击载荷时所具有的结构强度。例如,当一个人无意识地坐下时,会对座椅产生较大的冲击载荷,进而造成椅子结构的破坏。因此,通过冲击载荷分析研究曲木椅的结构强度是必要的。根据曲木椅的模型和载荷约束条件,利用 ANSYS/LS-DYNA 中显示动力学分析模块,研究椅子在冲击过程中的应力、形变等力学情况,从而科学地分析其整体与局部的结构强度。

根据国标《家具力学性能试验　第 3 部分:椅凳类强度和耐久性》(GB/T 10357.3—2013)中关于冲击载荷的要求,采用第三试验水平对曲木椅进行检测分析:冲击器为圆柱物体,直径为 200 mm,质量为 25 kg,位于座面垂直上方 180 mm 处。从人机工程学来看,当人处于靠背坐姿时,座面上坐骨附近的位置承受的应力最大,因此将冲击载荷中心位置选择在离后沿 130 mm 处[250]。然后建立模型,并对其施加荷载和约束,如图 6-14 所示。

图 6-14　曲木椅施加载荷与约束

根据软件 ANSYS/LS-DYNA 动力学分析模块的程序,对冲击器的冲击速度和方向进行设置,并进行计算求解。图 6-15 为曲木椅在冲击载荷下的等效应力云图。从图中可以看出,曲木椅在整个冲击过程中最大受力处位于座面与后腿、望板的连接处,应力为 47.88 MPa。图 6-16 为曲木椅在冲击载荷下的形变云图,从图中可以看出,曲木椅在整个冲击过程中最大形变处位于后椅腿弯曲处,形变值为 7.82 mm。

通过对曲木椅的静载荷和冲击载荷的仿真力学分析,其产生的最大应力和形变如表 6-4 所示。从表中数据可以看出,在整体静载荷分析中,曲木椅的最大应力位于后椅腿与望板连接的节点处,应力值为 22.91 MPa,而在冲击载荷分析中,最大应力位置位于后椅腿和望板连接的节点处,应力为 47.88 MPa,均在曲木椅用材——人工林柚木的极限应力范围之内。因此,曲木椅的结构强度能达到国标 GB/T 10357.3—2013 中关于家具静载荷和冲击载荷的要求,符合椅子结构强度的安全标准。

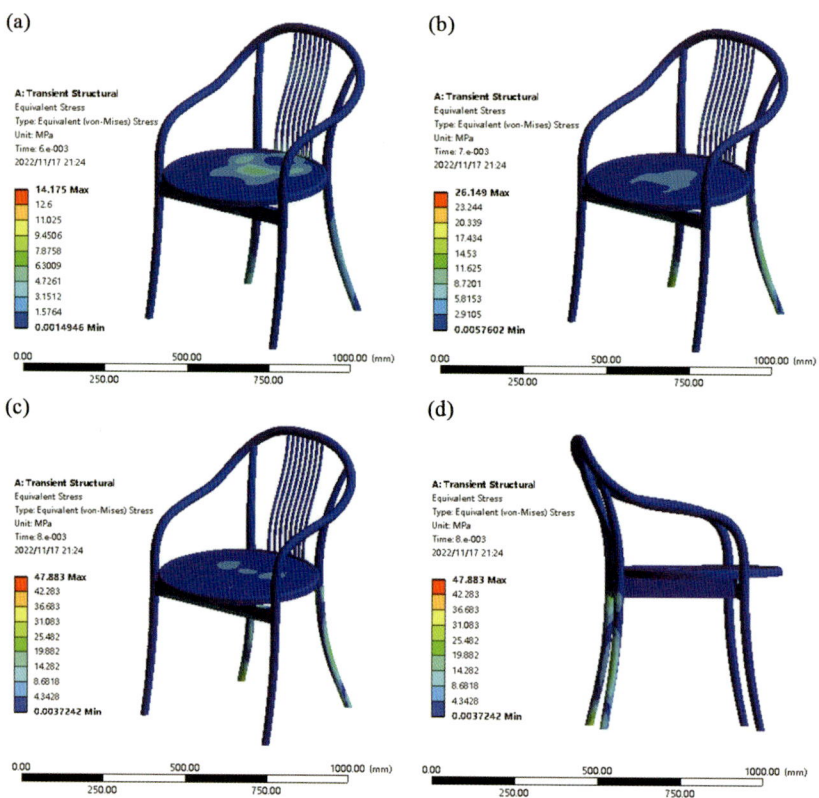

图 6-15　曲木椅在冲击载荷下的等效应力云图

（a）6.e-003，（b）7.e-003，（c）～（d）8.e-003

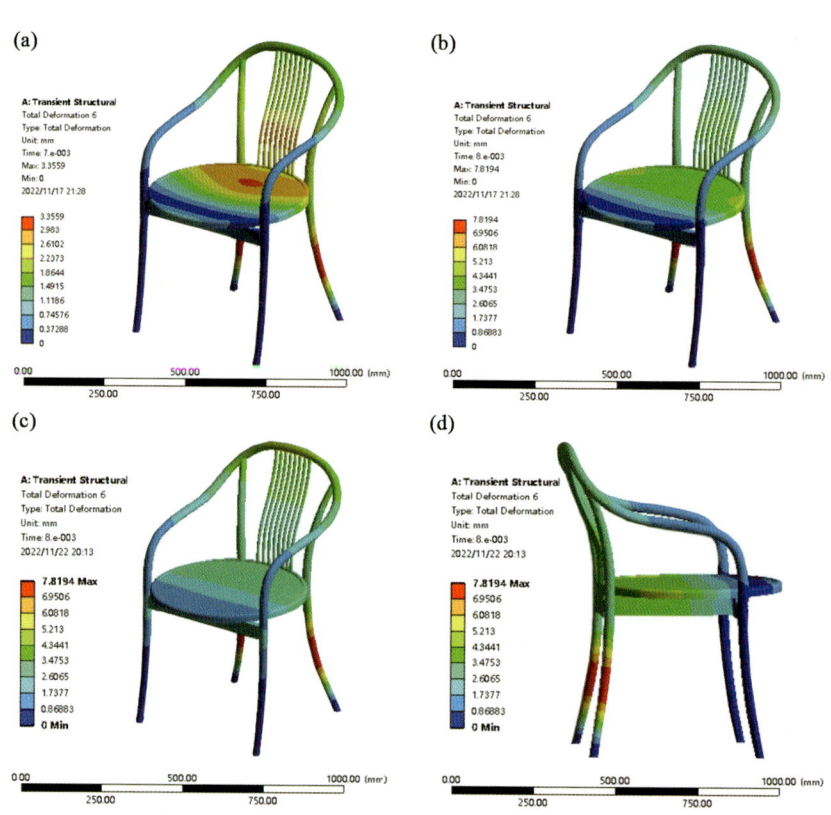

图 6-16　曲木椅在冲击载荷下的形变云图

（a）6.e-003，（b）7.e-003，（c）～（d）8.e-003

表 6-4　曲木椅在三种载荷条件下的最大应力与形变

载荷类型	最大应力 / MPa	最大应力处	最大形变量 / mm	最大形变处
座面静载荷	7.82	前椅腿与望板连接的节点处	2.46	前望板
座面－椅背联合静载荷	22.91	后椅腿与望板连接的节点处	12.08	椅背杆与椅圈连接的节点处
座面冲击载荷	47.88	后椅腿与望板连接的节点处	7.82	后椅腿

6.4.4　节点强度分析

基于以上对柚木曲木椅静载荷和冲击载荷的分析结果,结合家具结构强度知识,曲木椅最容易破坏的节点为后椅腿与望板连接的节点处。为了深入研究此处的节点强度,本小节首先通过弯曲构件的 T 形构件连接试验,获得节点处最大载荷,然后通过软件 ANSYS 分析获得节点处的最大应力值。

1. T 形弯曲构件的载荷分析

(1)材料与试件制作。

根据本款曲木椅的节点结构,制作 T 形弯曲构件的试验试件,如图 6-17 所示。为了研究不同弯曲性能指标下 T 形构件的载荷强度,分别制作弯曲系数为 1/20、1/16 和 1/14 的试件。椅腿试件尺寸规格为 400 mm × Φ30 mm,望板的尺寸为 170 mm × 25 mm × 52 mm,榫头尺寸为 20 mm(L) × 28 mm(W) × 10 mm(C)。榫卯结构的配合关系:榫头宽度与榫眼长度为过盈配合,尺寸为 0.5 mm;榫头厚度与榫眼宽度为间隙配合,数值为 0.2 mm;榫头的长度与榫眼的深度为过渡配合,数值为 2 mm。

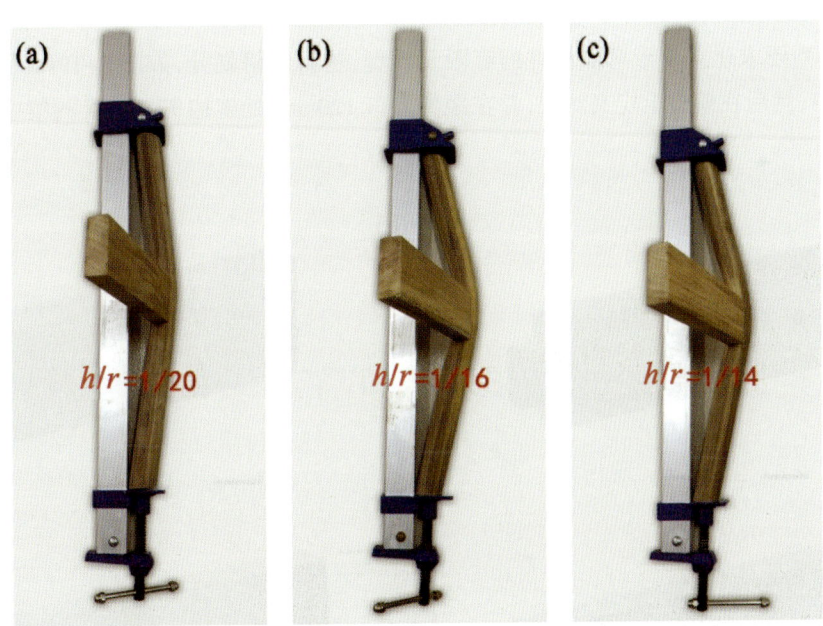

图 6-17　不同弯曲性能指标条件下的 T 形构件

(2)载荷测试与结果分析。

试件制备好之后,根据《无疵小试样木材物理力学性质试验方法　第 12 部分:横纹抗压强度测定》(GB/T 1927.12—2021)试验标准,在距离榫口 120 mm 处,使用万能力学试验机对弯曲构件进行载荷测试,加载速度为 5 mm/min,如图 6-18(a)所示。图 6-18(b)为未涂胶构件与涂胶构件在不同弯曲系数下的最大载荷值,由分析可知,弯曲系数 1/20 的涂胶构件平均最大载荷为 774.10 N,而弯曲系数 1/16 和 1/14 的平均最大载荷分别为 726.80 N 和 682.15 N,表明随着弯曲曲度的增大,T 形构件的最大载荷有一定程度的降低,但均能满足家具力学强度的需要。根据曲木椅的造型设计角度,选择弯曲系数 1/20 时的最大载荷力 774.10 N 作为 ANSYS 软件分析的力学参数。

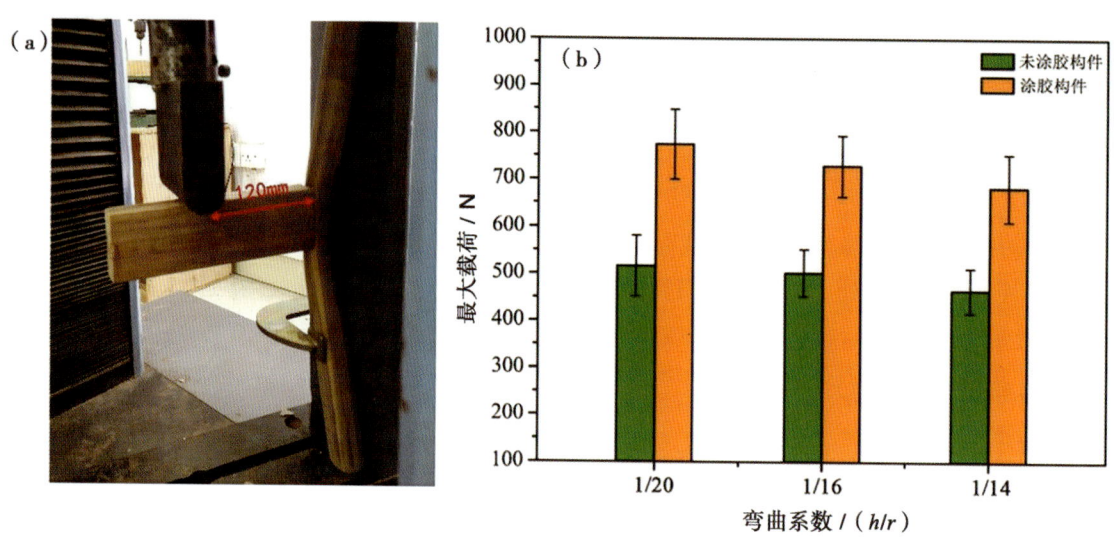

图 6-18　试件在不同弯曲性能指标条件下的力学测试

（a）测试过程，（b）最大载荷

2. 节点强度的有限元分析

(1)T 形构件的模型建立、网格划分与施加载荷。

根据曲木椅造型要求建立 T 形弯曲构件的有限元模型,进行网格划分,如图 6-19(a)所示,设置榫卯接触面的摩擦系数为 0.3,然后在模型上定义约束,并在距离榫口 120 mm 处施加 774.10 N 的集中载荷,如图 6-19(b)所示。

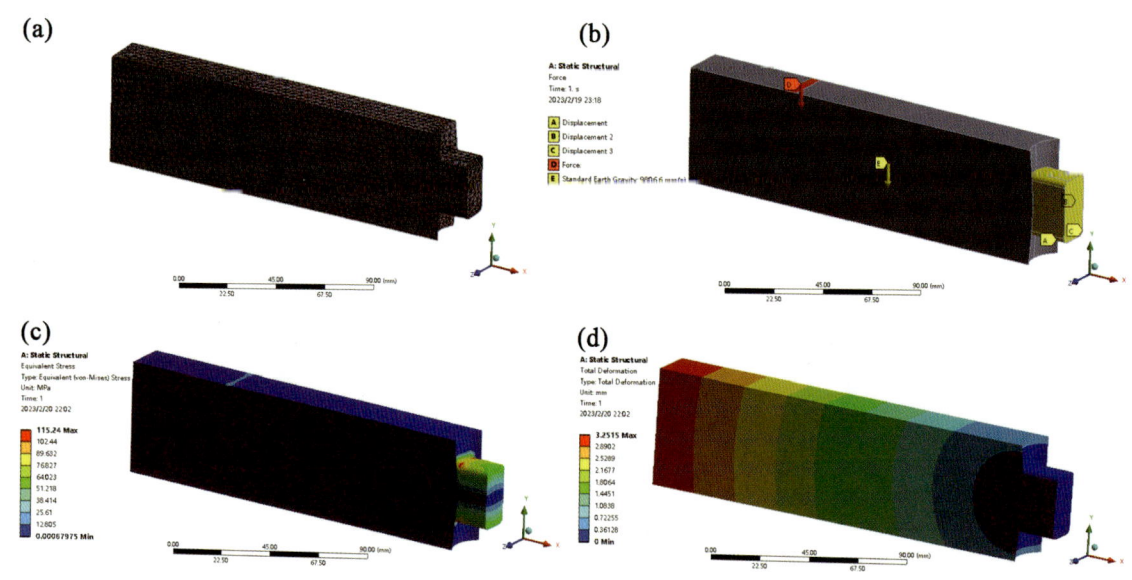

图 6-19　构件的力学分析

（a）网格划分，（b）载荷约束，（c）应力云图，（d）形变云图

(2)T 形构件的应力与形变分析。

图 6-19(c) 为 T 形构件的应力云图,由图可知,构件的最大应力位于榫头的中上部,最大应力值为 115.64 MPa。图 6-19(d) 为 T 形构件的形变云图,由图可知,构件的最大形变位于构件的尾部。

6.4.5　节点优化设计分析

(1)响应面优化设计方法。

有限元响应面优化用于对多个变量影响的问题进行建模和分析,其目的是优化响应值。它通过适当的试验设计来获得所需数据,采用多元二次回归方程拟合各因素与响应值之间的函数关系并对响应面进行分析,从而得到最优工艺参数。响应面在优化过程中不仅可以对各组试验进行连续分析,还可以分析各因素之间的相互作用。有限元法响应面优化主要是运用最小二乘法原理对拾取的试验设计点的结果进行拟合,并得到响应面模型。在模型分析中,通常采用低阶多项式,包括一阶多项式和二阶多项式[251],见公式(6-1)和公式(6-2)。

$$Y = \beta_0 + \sum \beta_i x_i \tag{6-1}$$

$$Y = \beta_0 + \sum \beta_i x_i + \sum \beta_{ii} x_i^2 + \sum \sum \beta_{ij} x_i x_j + \varepsilon \tag{6-2}$$

式中,Y 为分析响应值;β_0、β_i 为回归系数;x_i 为回归系数研究的因素;ε 为设计响应的估计误差。

为进一步确定模型的常数项待定系数,对 n 个设计变量需要做 m 次独立试验,m 值通过公式(6-3)计算。

$$m = (n+1)(n+2)/2 \tag{6-3}$$

位置向量 β 可根据最小二乘法原理计算,见公式(6-4)。

$$\beta = X^T X - X^T Y \tag{6-4}$$

式中,X 由研究变量的拾取点依据 β 中各对应分量顺序构成,X、β 通过公式(6-5)和公式(6-6)计算。

$$X = \begin{bmatrix} x_0^0 & \cdots & x_k^0 \\ \vdots & \ddots & \vdots \end{bmatrix} \tag{6-5}$$

$$\beta = [\beta_0 \quad \cdots \quad \beta_{k-1}] \tag{6-6}$$

对构建好的响应面模型进行精度检验,主要采用复相关系数(R^2)和相对均分根误差(RSME)进行检验,见公式(6-7)和公式(6-8)。[252]

$$R^2 = 1 - \sum [Y_{RS} - Y]^2 / \sum [Y - \bar{Y}]^2 \tag{6-7}$$

$$RMSE = \frac{1}{NT} \sqrt{\sum (Y - Y_{RS})^2} \tag{6-8}$$

式中,Y_{RS} 为响应面模型的计算值;Y 为有限元模型计算结果;$\bar{Y}$ 为有限元 Y 计算结果的平均值;N 为设计范围中特征响应的数量。

(2)设置 T 形弯曲构件优化的参数变量和目标函数。

在榫头优化设计参数设置中,通过分析曲木椅 T 形构件的节点结构和尺寸,设置参数变量中榫头长度(L)为 10～20 mm,榫头宽度(W)为 10～30 mm,榫头厚度(C)为 10～20 mm,另外将榫头的最大应力变量设定为 115.64 MPa。节点优化设计的目标函数是使榫头的面积最小($V=L \times W \times C$),从而减小开榫眼的体积,降低榫眼对柚木弯曲构件木纤维的破坏程度。

(3)试验点设计。

利用试验点设计窗口,对榫头的长度、宽度和厚度进行参数变量范围设置。然后通过工具栏,对试验点数据进行分析和计算,查看榫头参数变量的平行分析图。由试验点数据计算可知,共有 50 组试验点设计方案,每一条颜色线代表一组试验分析样本,如图 6-20 所示。

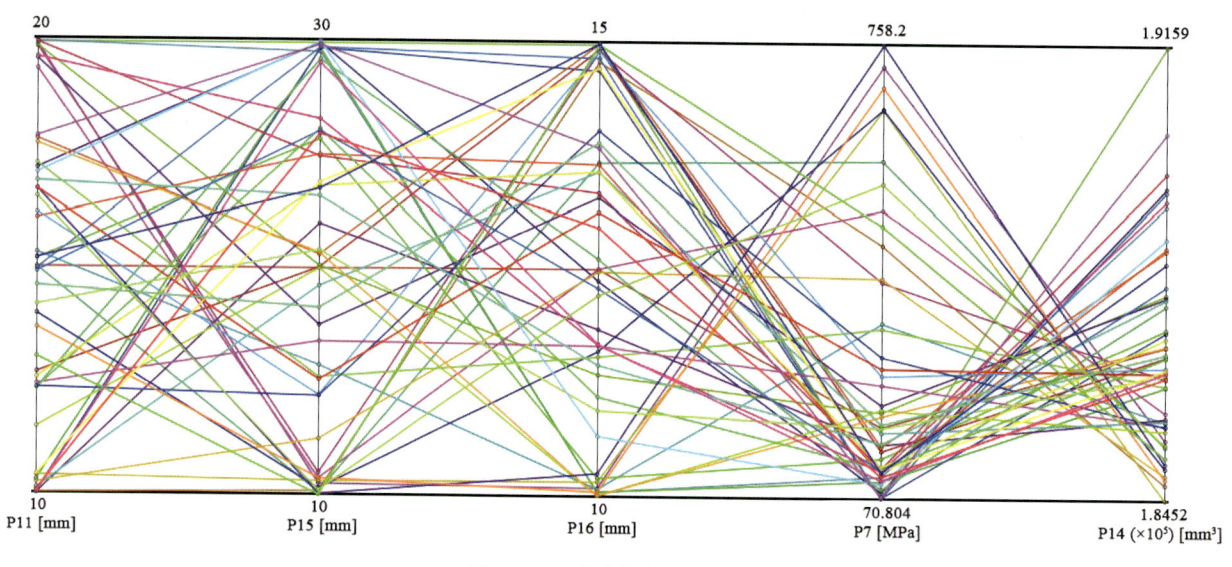

图 6-20　试验点参数平行图

(4)响应面优化设计。

通过以上 50 组试验样本(试验点设计和优化方法),构建响应面优化分析图。图 6-21(a)为 T 形弯曲构件榫头长度、宽度与体积的响应面图,由图可知,宽度和高度的变化,都会对榫头体积产生显著影响。图 6-21(b)为构件在载荷条件下,榫头长度、宽度与等效应力的响应面图,从图中可以看出,榫头的长度和宽度对等效应力值的敏感度不同。

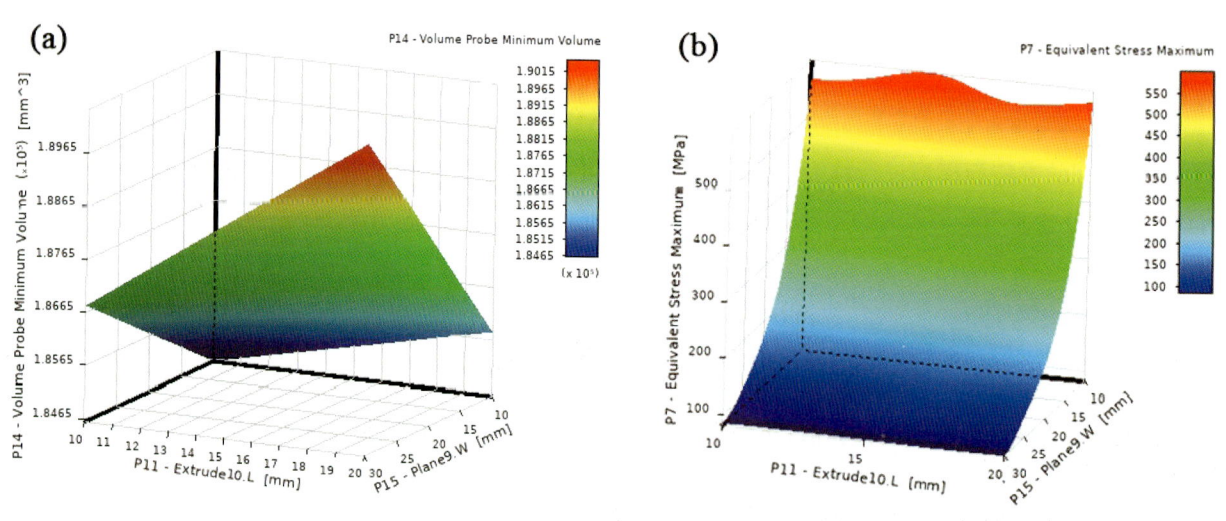

图 6-21　3D 响应面图

(a)榫头长度、宽度与体积的响应面图,(b)榫头长度、宽度与等效应力的响应面图

为了更直观地观察榫头长度、宽度和厚度对榫头体积以及等效应力的影响,通过对响应点中的"敏感度"进行分析,可获得各参数尺寸变量对目标函数优化的影响程度,其结果如图 6-22 所示。由图 6-22 可知,榫头

宽度对等效应力的影响最大,即榫头宽度对构件结构强度的影响最为显著,其次是厚度与长度。同时也可看出构件的应力与榫头的宽度和长度呈负相关性,即宽度和厚度尺寸越大,应力越小,其结构强度也就越大;榫头宽度对体积的敏感度最高,其次为长度和厚度,榫头的体积与长度、宽度和高度具有正相关性,其中宽度和长度的变化对榫头体积影响最大。

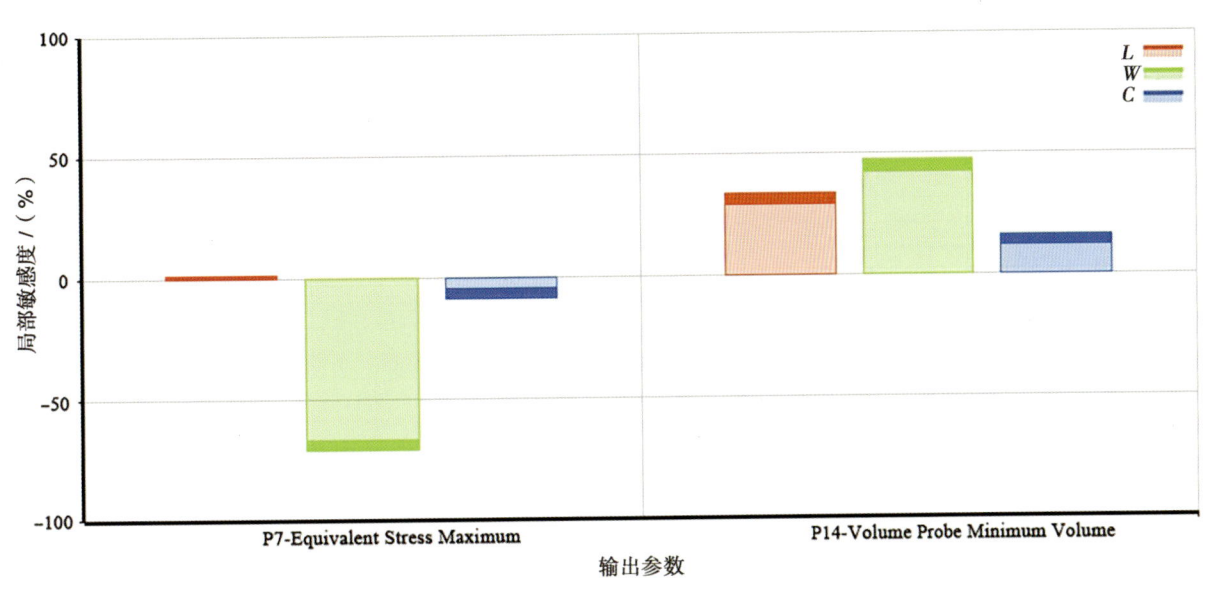

图 6-22　敏感度分析

(5)优化设计结果分析。

在响应面优化中,试验样本数据越多,结果精度也就越高。ANSYS 中的响应面优化模块可构建多参数变量与多响应变量之间的复杂非线性关系,快速实现结构尺寸参数优化,为科学设计提供了一种有效方法[253]。节点优化设计的目标是榫头在承受最大载荷时,应力值不能超过 115.64 MPa,且榫头体积达到最小。根据试验点设计方案,完成 50 组试验样本的计算分析,其样本数据列表如图 6-23 所示。基于响应面的优化计算,得到榫头参数变量的优化结果,如图 6-24 所示。由推荐优化结果可知,三个小组的体积差别较小,但应力差别较大,因此第三组的优化结果较为理想,即榫头长度为 12 mm(12.009 mm),宽度为 29 mm(28.714 mm),厚度为 10 mm(10.011 mm),体积为 3480 mm³。与初始尺寸相比,在同样的极限载荷条件下,优化之后的榫头体积减小了 37.86%,应力为 101.23 MPa,是初始应力的 87.54%,在榫头可承受的应力范围之内。

弯曲构件中榫头的原始尺寸长度(L)为 20 mm,宽度(W)为 28 mm,厚度(C)为 10 mm,通过 ANSYS 响应面模块优化之后的榫头长度(L)为 12 mm,宽度(W)为 29 mm,厚度(C)保持不变,榫头长度和总体积分别减少了 40% 和 37.86%,其等效应力与初始应力相接近。因此,通过结构参数优化,在保证节点强度的前提下,使榫头总体积减小,降低了弯曲构件因开榫眼而产生的纤维破坏,进而提高曲木椅的耐久性。

为进一步分析弯曲构件榫头长度(L)、宽度(W)和厚度(C)与受力、体积之间关系,根据有限元中心组合试验设计理论,运用软件 Design Expert 对有限元中的试验样本数据进行分析,得到设计变量与应力(S)、体积(V)之间的表达式,见公式(6-9)和公式(6-10)。模型的预测值与试验设计点之间的关联度如图 6-25 所示,由图可知,弯曲构件榫头尺寸的模型计算值可以较好地反映弯曲构件受力时的状况。

Name	P11 - Extrude10.L (mm)	P15 - Plane9.W (mm)	P16 - Plane9.C (mm)	P7 - Equivalent Stress Maximum (MPa)	P14 - Volume Probe Minimum Volume (mm^3)
21	12.319	29.166	12.618	85.349	1.8756E+05
22	13.959	10.308	11.6	660.17	1.8503E+05
23	19.936	24.883	13.335	116.55	1.896E+05
24	11.477	19.999	10.013	205.97	1.8561E+05
25	10.135	19.2	13.571	171.51	1.8577E+05
26	19.567	17.496	13.289	212.66	1.8768E+05
27	16.073	24.959	13.648	110.58	1.8845E+05
28	17.265	15.19	11.54	328.83	1.863E+05
29	16.194	14.416	14.903	256.99	1.8659E+05
30	12.416	16.755	11.662	242.99	1.857E+05
31	17.702	20.681	10.011	195.82	1.8693E+05
32	12.321	26.075	11.095	117.35	1.8675E+05
33	12.331	14.367	14.024	285.07	1.8567E+05
34	19.613	26.542	11.671	113.15	1.8918E+05
35	12.559	23.576	13.568	119.47	1.8705E+05
36	16.882	23.165	11.451	154.05	1.8765E+05
37	16.706	10.055	10.253	758.19	1.851E+05
38	16.701	15.074	13.132	267.81	1.8651E+05
39	14.177	20.769	10.952	177.99	1.8647E+05
40	17.062	29.923	10.669	94.031	1.8859E+05
41	17.871	29.83	13.832	74.33	1.9022E+05
42	13.664	10.73	10.059	692.38	1.8486E+05
43	13.032	10.008	14.978	482.71	1.8519E+05
44	14.896	26.022	12.294	114.6	1.8785E+05
45	10.026	29.012	11.68	99.398	1.8652E+05
46	10.431	23.762	14.718	113.92	1.8656E+05
47	14.59	18.272	13.89	183.46	1.8681E+05
48	15.197	23.473	14.982	111.69	1.8821E+05
49	10.063	25.894	12.953	104.48	1.8643E+05
50	16.538	10.224	12.219	545.85	1.8539E+05

图 6-23　试验样本数据列表

Candidate Points			
	Candidate Point 1	Candidate Point 2	Candidate Point 3
P11 - Extrude10.L (mm)	12.009	12.009	12.009
P15 - Plane9.W (mm)	26.759	27.677	28.714
P16 - Plane9.C (mm)	10.034	10.063	10.011
P7 - Equivalent Stress Maximum (MPa)	✧ 113.43	★★ 105.22	★★★ 101.23
P14 - Volume Probe Minimum Volume (mm^3)	★★ 1.8594E+05	★★ 1.8603E+05	★★ 1.8608E+05

图 6-24　优化结果推荐列表

$$\begin{aligned} V = {} & 427.93 + 2.74L - 17.08W + 1.37C + 36.21LW - 3.75LC + 5.11WC - 23.21L^2 \\ & -13.27W^2 + 39.93C^2 - 1.81LWC - 53.44L^2W - 3.72L^2C + 55.73LW^2 - 114.68LC^2 \\ & -1.63L^2C + 114.59WC^2 - 29.12L^3 + 18.23W^3 - 0.78C^3 - 11.15L^2W^2 - 9.83L^2WC \\ & -10.74L^2C^2 + 11.93LW^2C + 9.36LWC^2 - 1.91W^2C^2 - 34.94L^3W + 2.48L^3C \\ & -5.28W^3C + 34.79L^4 + 16.73W^4 - 37.17C^4 + 10.78L^2W^2C + 10.54L^2WC^2 - 16.57LW^2C^2 \\ & -48.17L^3W^2 - 8.39L^3WC + 121.12L^3C^2 + 53.64L^2W^3 + 2.46L^2C^3 \end{aligned} \tag{6-9}$$

$$\begin{aligned} S = {} & -449.52 - 2.075L - 0.58W + 121.03C - 0.19LW - 0.55LC - 0.06WC + 0.44L^2 + 0.08W^2 \\ & -9.53C^2 + 0.003LWC + 0.003L^2WC - 0.003WC^2 - 0.006L^3 - 0.002W^3 + 0.24C^3 \end{aligned} \tag{6-10}$$

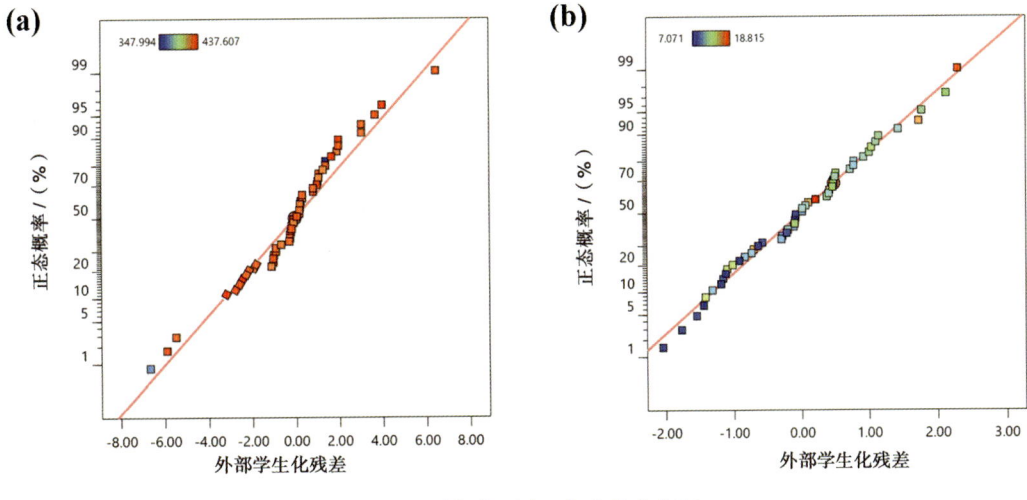

图 6-25 模型预测正态残差分布图
（a）体积模型预测图，（b）应力模型预测图

6.5 拆装式曲木椅节点优化设计

拆装式曲木椅主要采用拆装式结构连接件进行接合，可以进行多次拆卸和安装。在产品研发中，采用此结构不仅有利于曲木家具的标准化设计与生产，而且还便于产品的包装和流通。曲木椅的拆装结构采用"圆棒榫+五金件"相结合的配合方式，圆棒榫采用间隙配合，五金件为二合一内外牙螺母连接件，间距为 32 mm。圆棒榫主要起定位和抗扭转力作用，五金件则用于锁紧两个连接构件，两者结合可承受较大的剪切应力和弯矩应力。

6.5.1 试验材料

试验材料及尺寸同本章第 6.4.4 节，无榫头。圆棒榫材料为山毛榉，直径为 8 mm，长度为 40 mm，表面带螺纹，密度为 0.75 g/cm³。五金件为二合一内外牙螺母连接件，内六角，带介螺母，材质为 4.8 级碳钢，表面镀彩锌，采购于深圳固万基五金科技有限公司。试验材料及配件装配过程如图 6-26 所示。

圆棒榫与五金件组合

拧入内外牙螺母

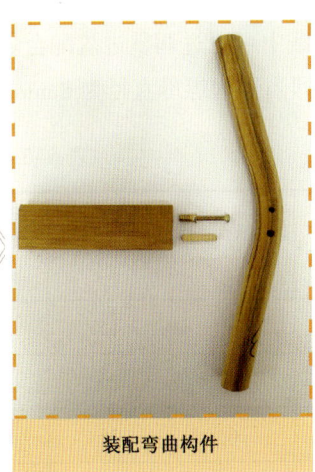
装配弯曲构件

图 6-26 试验材料及配件装配过程

以圆棒榫作为试验构件定位,选取预埋螺母直径、预埋螺母长度和过盈配合量作为设计因素,各因素设定水平值如表 6-5 所示。在试验测试中,将构件的抗弯承载力作为目标质量特性。使用立式钻床及限位器进行开孔,开孔深度为 $(L+3)$mm,开孔直径为 $D-Y$,待开好孔后,使用六角扳手将预埋螺母拧入柚木弯曲构件中。

表 6-5　试验设计因素及水平

水平	设计因素		
	预埋螺母直径 D/mm	预埋螺母长度 L/mm	过盈配合量 Y/mm
1	6	15	0.6
2	8	20	0.8
3	10	25	1.0

6.5.2　试验方法

采用正交试验法研究试验方案组合,通过合理的设计因素组合,最大限度地减少试验次数,缩短周期,得出最优的试验方案,达到构件最优接合强度组合优化的效果。采用 L9(34) 正交试验设计法进行试验。

6.5.3　正交试验优化

在试验中,以曲木椅 T 形弯曲构件的最大承载力为评价目标,通过 SPSS 进行极差和方差分析,对影响节点强度的预埋螺母直径(D)、预埋螺母长度(L)和过盈配合量(Y)三个设计因素进行显著性分析和工艺优化,从而获得最佳的配合参数。

表 6-6 为弯曲构件的抗弯承载力正交试验结果及极差分析,图 6-27 为设计因素与抗弯承载力的关系图。极差 R_j 数值的大小表明该设计因素对抗弯承载力的影响程度,$\bar{K}_j$ 数值大小说明该设计因素中的试验水平对抗弯承载力的影响程度。由表 6-6 可知,过盈配合量的 R_j 数值最大,即预埋螺母的过盈配合量对构件的抗弯承载力影响最大,弯曲构件的抗弯承载力因过盈配合量的增加而显著发生变化,这主要与预埋螺母的螺纹嵌入柚木构件的深度直接相关。其次是预埋螺母的长度,而预埋螺母的直径对抗弯承载力影响较小,因此,在设计应用实践中可通过调整过盈配合量提高拆装式曲木椅的节点强度。通过极差分析选择出较优的优化参数为 $D2L3Y2$,即当预埋螺母直径为 8 mm,长度为 25 mm,过盈配合量为 0.8 mm 时,构件的抗弯承载力最大。

表 6-6　弯曲构件的抗弯承载力正交试验结果及极差分析

序号	预埋螺母直径 D/mm	预埋螺母长度 L/mm	过盈配合量 Y/mm	抗弯承载力 /N					平均值 $\bar{x}$ /N
				F_1	F_2	F_3	F_4	F_5	
1	6	15	0.6	451	412	471	408	467	442
2	6	20	0.8	509	571	592	481	551	541
3	6	25	1.0	557	605	611	525	518	563
4	8	15	1.0	523	550	602	511	501	537

续表

序号	预埋螺母直径 D/mm	预埋螺母长度 L/mm	过盈配合量 Y/mm	抗弯承载力 /N					平均值 $\bar{x}$ /N
				F_1	F_2	F_3	F_4	F_5	
5	8	20	0.6	487	512	539	445	411	468
6	8	25	0.8	589	637	698	620	597	637
7	10	15	0.8	551	594	528	518	605	559
8	10	20	1.0	569	511	459	497	583	524
9	10	25	0.6	499	537	598	471	571	535
K_{1j}	1546	1538	1455	—	—	—	—	—	—
K_{2j}	1652	1543	1737	—	—	—	—	—	—
K_{3j}	1618	1735	1624	—	—	—	—	—	—
$\bar{K}_{1j}$	515.33	512.67	485.00	—	—	—	—	—	—
$\bar{K}_{2j}$	550.67	514.33	579.00	—	—	—	—	—	—
$\bar{K}_{3j}$	539.33	578.33	541.33	—	—	—	—	—	—
R_j	35.33	65.67	94.00	—	—	—	—	—	—
因素主次	Y>L>D			—	—	—	—	—	—
最优组合	D2L3Y2			—	—	—	—	—	—

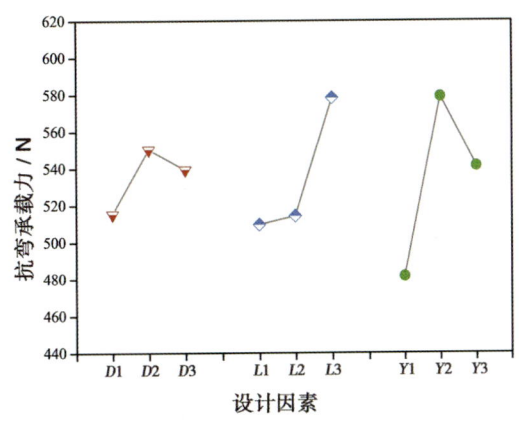

图 6-27　设计因素与抗弯承载力的关系图

极差分析只能分析各因素对弯曲强度影响程度,不能准确分析各设计因素对目标质量特性的显著程度和贡献率,因此需通过方差分析法进一步分析设计因素与试验结果之间的关系,以获得各设计因素的显著性和贡献率。贡献率是单因素偏差平方和与总偏差平方和之比[254-255]。由表 6-7 可知,设计因素中的过盈配合量和预埋螺母长度对构件的抗弯承载力具有极显著影响($P<0.01$),而预埋螺母直径对构件的抗弯承载力具有显著影响($P<0.05$)。从图 6-28 可见,过盈配合量、预埋螺母长度和预埋螺母直径对构件抗弯承载力的贡献率分别为 56.37%、35.31% 和 8.20%,这与极差分析结果相一致。因此,在拆装式曲木椅的节点结构设计中,合理地选配预埋螺母长度和过盈配合量可以改善弯曲构件接合的抗弯承载力,进而提高家具的整体结构强度。

表6-7 抗弯承载力的方差及贡献率分析

设计因素	偏差平方和	自由度	均方	F 值	P 值	贡献率/（%）
修正模型	23792.000a	6	3965.333	256.748	0.004	—
截距	2577095.111	1	2577095.111	166862.273	0.000	—
预埋螺母直径 D	1952.889	2	976.444	63.223	0.016	8.20
预埋螺母长度 L	8410.889	2	4205.444	272.295	0.004	35.31
过盈配合量 Y	13428.222	2	6714.111	434.727	0.002	56.37
误差	30.889	2	15.444	—	—	—
总计	2600918.000	9	—	—	—	—
修正后总计	23822.889	8	—	—	—	—

注：因变量为抗弯承载力，R^2=0.995。

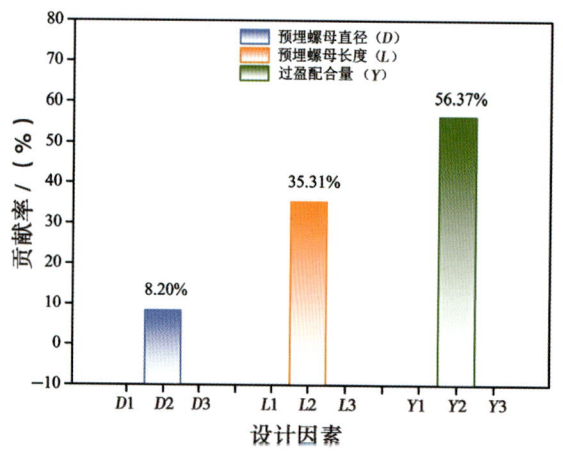

图6-28 设计因素的贡献率

6.5.4 试验对比分析

根据正交试验极差和方差分析获得的工艺优化结果,对柚木弯曲构件的抗弯承载力进行试验验证。在试验中,以预埋螺母直径 8 mm、预埋螺母长度 25 mm、过盈配合量 0.8 mm 为五金件的接合工艺参数,并配合圆棒榫进行定位,共进行 5 次试验检测,结果表明柚木弯曲构件的抗弯承载力为 653 N,与优化结果较为接近,表明正交试验优化结果具有科学性。由此可见,经优化之后的拆装式 T 形弯曲构件,其抗弯承载力提高,进而增强了柚木曲木椅的整体结构强度。

对拆装式曲木椅中的节点强度进行正交试验法优化和试验验证的结果表明:预埋螺母的过盈配合量对构件节点的抗弯承载力影响最大,且抗弯承载力随着过盈配合量和预埋螺母直径的增加而呈现出先提高再降低的趋势。分析表明:当二合一内外牙螺母连接件的预埋螺母直径为 8 mm、长度为 25 mm、过盈配合量为 0.8 mm时,弯曲构件的抗弯承载力最大。因此,经正交试验优化后,T 形弯曲构件的承载能力增加,有效地提高了柚木曲木椅的结构力学强度。

6.6　本章小结

本章基于柚木家具产品的研发,将弯曲构件应用到曲木家具产品中,在梳理家具弯曲构件应用规律的基础上,对曲木椅进行了方案设计,并利用建模软件 Solidworks 2020 和有限元软件 ANSYS 分析了家具的结构力学强度,针对易损坏位置进行了节点优化设计。其研究结论如下。

(1) 通过电测法获得了人工柚木软化处理后的 9 个弹性常数,将测试数据导入有限元曲木椅模型中进行了数值求解,结果表明:在国标《家具力学性能试验　第 3 部分:椅凳类强度和耐久性》(GB/T 10357.3—2013)第三试验水平下,曲木椅座面静载荷的最大应力位于前椅腿与望板连接的节点处,应力为 7.82 MPa,最大形变量位于前望板上,并向前腿两侧处延伸,数值为 2.46 mm;在座面 – 椅背联合静载荷中,曲木椅的最大应力位于后椅腿与望板连接的节点处,应力为 22.91 MPa,最大形变量位于椅背杆与椅圈连接的节点处,数值为 12.08 mm;在冲击载荷中,曲木椅的最大应力位于后椅腿和望板连接的节点处,应力为 47.88 MPa,最大形变量位于后椅腿弯曲处,数值为 7.82 mm。通过分析,曲木椅的最大应力均在人工林柚木的应力强度范围内,符合椅子结构强度的安全标准,但发现曲木椅应力最大处位于后椅腿和望板连接的节点处。

(2) 对固装式曲木椅结构强度进行了节点优化设计。根据曲木椅结构强度最薄弱节点处的特点,制成 T 形弯曲构件并进行抗弯强度检测,发现弯曲构件的极限载荷为 774.10 N。通过有限元软件计算出节点处应力为 115.64 MPa,并将其作为约束变量,对节点处的榫头进行有限元响应面优化,优化之后的榫长为 12 mm,榫宽为 29 mm,榫厚为 10 mm,比初始设计体积减小了 37.86%。

(3) 对拆装式曲木椅结构强度进行了节点优化设计。通过极差分析得出,预埋螺母的过盈配合量对构件抗弯承载力影响最大,其次为预埋螺母长度和直径,当预埋螺母直径为 8 mm,长度为 25 mm,过盈配合量为0.8 mm 时,构件的抗弯承载力最大。通过方差和贡献率分析得出,过盈配合量、预埋螺母长度和预埋螺母直径对抗弯承载力的贡献率分别为 56.37%、35.31% 和 8.20%,因此,设计曲木椅的拆装式结构时,科学设计预埋螺母的过盈配合量,可以改善弯曲构件的抗弯承载力,进而提高曲木椅的结构力学强度。

第7章 结论与展望

7.1 结　　论

本研究以人工林柚木为研究对象,通过三乙醇胺复配液浸渍－蒸汽协同处理的方法软化木材,以提高其弯曲性能,并将协同软化处理与单一蒸汽处理在改善柚木弯曲效果上进行了对比分析;选用响应面法对协同软化工艺进行优化,获得了最佳工艺参数;从弯曲构件的软化机理、弯曲机理和形变固定成因,阐明了柚木弯曲构件的成型机理;同时,将弯曲构件应用到曲木家具产品中,研究了曲木家具的结构强度,并基于固装式结构和拆装式结构进行了节点优化设计,获得了较为理想的节点配合关系。主要研究结论如下。

(1)采用协同软化方法对柚木进行弯曲,并围绕家具用材的性能要求,对柚木弯曲构件的物理力学性能和胶合性能进行了分析。利用环境友好的三乙醇胺(TEA)、氯化钠(NaCl)和十二烷基苯磺酸钠(SDBS)作为复配软化液进行真空浸渍,以饱和蒸汽为介质对柚木进行软化,分析了软化处理温度、软化处理时间和软化液浓度等因素对软化弯曲性能的影响。在此基础上,采用响应面法对柚木软化工艺进行优化,结果表明,当软化处理温度为 125 ℃,软化处理时间为 175 min,软化液浓度为 15% 时,试件的弯曲系数(h/r)为 1/9.26,软化效果最佳。在干燥定型后,弯曲构件的干缩性、湿胀性和弦长变化率等得到了一定改善,顺纹抗压强度、硬度以及微观力学性能呈小幅度提升,而胶合性能有所下降,但能满足家具加工和使用的要求。

(2)采用化学检测与表征手段,阐明了柚木弯曲构件的软化机理,并根据协同软化的过程,构建了软化液浸渍模型和热量传递模型。通过对协同软化处理柚木的化学成分分析发现:软化液不仅进入了柚木纤维素、半纤维素和木质素的非结晶区,还渗入了纤维素的结晶区,并引起了主要化学成分的降解。同时在高温蒸汽条件作用下,纤维素分子链之间距离加大,结合度降低,为柚木的软化弯曲提供了空间与能量。FTIR、^{13}C NMR、XPS、XRD 等分析表明,协同软化处理使软化液中的官能团与柚木中的化学成分发生了结合反应,使柚木中的 O 元素和 N 元素含量升高,并与柚木中的 C 元素一起,形成了 C–NH$_2$ 和 C–N 键,提高了分子的活性,改善了柚木的软化性能。同时,根据柚木的传热传质过程,采用多物理场仿真软件 COMSOL Multiphysics 构建了软化液浸渍模型和热量传递模型。软化液浸渍模型表明,在软化液浸渍初始,柚木内部的软化液在压力作用下出现瞬时极速增长的阶段,然后增长速率逐渐减慢直到平缓并达到浓度的极限值;热量传递模型表明,柚木内部温度场的分布规律与软化液浓度分布规律趋同。

(3)在弯曲力学分析的基础上,通过扫描电子显微镜(SEM)和原子力显微镜(AFM)观测柚木弯曲前后的微观形貌,构建了应力应变本构关系模型。SEM 观测发现,柚木在径向弯曲后,其外侧和内侧的导管、细胞壁和纤维组织结构均发生了一定拉伸和压缩,甚至在细胞壁之间形成了不同程度的微裂纹。弦向弯曲的弯曲面由多个纵向年轮层分布,弯曲面与早材带、晚材带以及年轮层呈垂直关系,会产生弯曲应力再分配问题。同时,在射线薄壁细胞处易首先发生弯曲断裂,进而向早材带处扩展。通过 AFM 证实,柚木在弯曲之后细胞壁 S$_1$ 和 S$_2$ 层有脱黏现象。基于柚木软化弯曲载荷－形变之间的关系,对应力－应变关系进行了理论推导,构建了柚木弯曲的双折线本构模型,并经过本构关系拟合分析,得出综合相关系数 R^2 为 96.25%。

(4) 过热蒸汽处理温度和时间对柚木弯曲构件形变固定的干燥定型质量和尺寸稳定性具有显著影响。通过 120 h 浸水试验发现,常规干燥条件下的弯曲构件吸水形变回复率在 11.90%～24.86% 范围内变化,而经过热蒸汽 110 ℃、120 ℃、130 ℃ 和 140 ℃ 处理后,形变回复率分别在 6.60%～15.33%、4.00%～10.24%、2.02%～5.13% 和 1.61%～4.30% 区间变化,形变回复率显著降低。同时,介质温度过高易引起弯曲构件开裂、变形等质量缺陷。采用动态热机械分析仪检测了弯曲构件的黏弹性变化,从力学角度上揭示了过热蒸汽处理易于使弯曲构件形变固定的内在原因。半纤维素的降解、纤维素结构的重组以及木质素的交联反应等作用机理,使柚木弯曲构件的储能模量和损耗模量呈上升趋势,从而提高了其尺寸稳定性。

(5) 以柚木曲木椅为设计范例,利用建模软件 Solidworks 和有限元分析软件 ANSYS 对曲木椅的结构力学进行分析,找到了家具结构中最容易破坏的结构节点,并进行了节点优化设计。结果表明:在家具力学国标第三试验水平下,通过静载荷和冲击载荷分析,曲木椅最容易破坏点位于后椅腿和望板连接的节点处,最大应力为 47.88 MPa,最大形变量位于后椅腿弯曲处,数值为 7.82 mm。

根据该节点位置特点,对曲木椅的固装式结构和拆装式结构进行节点优化设计研究,从而获得较为理想的节点配合关系。通过有限元响应面法对固装式结构的榫头参数进行优化,优化结果为榫长 12 mm,榫宽 29 mm,榫厚 10 mm,榫头总体积 3480 mm³,比初始设计体积减小了 37.86%,其等效应力与初始应力相接近。采用正交试验优化方法对拆装式结构的设计参数进行优化,优化结果为当预埋螺母直径为 8 mm,预埋螺母长度为 25 mm,过盈配合量为 0.8 mm 时,结构节点的抗弯承载力最大。

7.2　展　　望

本研究以三乙醇胺复配液为软化液,通过负压－正压的方式对柚木进行真空浸渍,探究了饱和蒸汽软化处理温度、软化处理时间和软化液浓度等工艺参数对软化弯曲性能的影响规律;从化学成分变化、官能团结合、微观形貌、力学性能、机理模型等方面揭示了柚木弯曲构件的成型机理;将柚木弯曲构件应用到家具产品中,探索了曲木家具产品应用的可行性。本研究尽管取得了一定成果,但仍有诸多问题需要进一步深入研究,今后主要从以下几个方面展开研究。

(1) 柚木能够实现其软化弯曲并定型,除了从化学成分变化、官能团结合、微观形貌、力学性能等方面去分析,还应该从木材的细胞壁化学结构上去解析,在分子结构层面进一步揭示柚木软化弯曲成型机理。

(2) 柚木在经过软化液浸渍、饱和蒸汽软化、过热蒸汽定型等工艺程序处理之后,其表面颜色发生了一定变化,因此在柚木的颜色变化规律及机理等方面尚需开展进一步研究。

(3) 在柚木弯曲构件的应用方面,仅对弯曲构件的节点强度做了试验研究,其他均通过有限元软件分析曲木椅的力学性能,未能完全做成实物探究曲木椅的相关性能,因此,对于工业化应用中涉及的主要问题还需要进一步深入研究。

[1] 吴智慧.木家具制造工艺学 [M].北京：中国林业出版社，2019.

[2] 董晓英,王逢瑚,李永峰,等.浅谈实木弯曲家具生产中的实木弯曲成型技术 [J].林业科技，2008,33（1）：52-54.

[3] 董占军,刘旭.迈克尔·索耐特：现代家具设计的开路先锋 [J].设计艺术（山东工艺美术学院学报），2017，（3）：80-84.

[4] 宋魁彦.木材顺纹压缩与多维弯曲技术 [M].北京：科学出版社，2010.

[5] 李坚.木材科学 [M].北京：科学出版社,2014.

[6] Hwang K, Jung I, Lee W, et al. Bending quality of main Korean wood species[J]. Wood Research, 2002（89）：6-10.

[7] 王洁,徐伟.实木顺纹压缩弯曲技术研究现状及发展趋势 [J].家具，2014,35（5）：15-19.

[8] 姚文亮.梓木弯曲工艺研究 [D].长沙：中南林业科技大学,2014.

[9] 廖望.全球柚木研究强调营林与市场的重要性 [J].国际木业，2019,49（2）：42.

[10] 王西洋.柚木：佛国来客,万木之王 [EB/OL].[2022—04—18].http://www.caf.ac.cn/info/1133/44248.htm.

[11] Peak E C. Bending solid wood to form: agriculture handbook No.125[M]. America:USDA Forest Service, 1957.

[12] 李军.浅析实木弯曲的弯曲机理及影响因素 [J].林业科技开发，1998（6）：16-18.

[13] 李坚.木材科学研究 [M].北京：科学出版社，2009.

[14] Erchiqui F, Kaddami H, Dituba-Ngoma G, et al. Comparative study of the use of infrared and microwave heating modes for the thermoforming of wood-plastic composite sheets[J]. International Journal of Heat and Mass Transfer, 2020, 158（5）：1-12.

[15] Wu Y, Cai Y J, Yang F, et al. Chemical modification of poplar wood featuring compressible rebound 3D structure as water treatment absorbents[J]. Journal of Cleaner Production, 2022（331）：1-9.

[16] Raman V, Liew K C, Salim R M. Relationship between cell lumen area and lignin content of alkaline-treated densified timber of Paraserianthes falcataria[J]. Wood Research, 2022, 67（3）：393-401.

[17] Hackenberg H, Zauer M, Dietrich T, et al. Alteration of bending properties of wood due to ammonia treatment and additional densification[J]. Forests, 2021, 12（8）：1-7.

[18] Šprdlík V, Brabec M, Mihailović S, et al. Plasticity increase of beech veneer by steaming and gaseous ammonia treatment[J]. Maderas:Ciencia y Tecnologia, 2016, 18（1）：91-98.

[19] 何啸宇,孔繁旭,王艳伟,等.木材软化技术研究进展及其应用 [J].林业机械与木工设备，2021,49（10）：11-17.

[20] Borcsok Z, Pasztory Z. The role of lignin in wood working processes using elevated temperatures: an abbreviated literature survey[J]. European Journal of Wood and Wood Products, 2021（79）：511-526.

[21] 吴义强,郭鑫.木材细胞壁水分吸附 [M].北京：科学出版社，2020.

[22] Iida I. Changes of elastic and strength properties in the direction perpendicular to the grain by moisture content changes and by heating in water[J]. Mokuzai Gakkaishi, 1989, 35（10）: 875–881.

[23] 宋魁彦. 木材顺纹压缩与多维弯曲技术研究 [D]. 哈尔滨: 东北林业大学, 2008.

[24] 叶翠仙, 陆继圣, 刘经榜. 荷木小径材弯曲工艺 [J]. 福建林学院学报, 2001 (2): 135–138.

[25] 鲁秀杰, 刘德芳, 宋魁彦. 水热处理榆木顺纹压缩后弯曲性能研究 [J]. 林业机械与木工设备, 2013, 41（8）: 41–43.

[26] 付宗营. 常规干燥过程中白桦树盘干燥应力应变的研究 [D]. 哈尔滨: 东北林业大学, 2017.

[27] Kang C W, Kolya H, Jang E S, et al. Steam exploded wood cell walls reveals improved gas permeability and sound absorption capability[J]. Applied Acoustics, 2021（179）: 1–7.

[28] 徐有明. 木材学 [M]. 北京: 中国林业出版社, 2019.

[29] Xiang E, Li J, Huang R F, et al. Effect of superheated steam pressure on the physical and mechanical properties of sandwich-densified wood[J]. Wood Science and Technology, 2022, 56（3）: 899–919.

[30] Kuljich S, Cáceres C B, Hernández R E. Steam-bending properties of seven poplar hybrid clones[J]. Internal Journal of Material Forming, 2015, 8（1）: 67–72.

[31] As N, Hindman D, Büyüksarı Ü. The effect of bending parameters on mechanical properties of bent oak wood[J]. European Journal of Wood and Wood Products, 2018, 76（2）: 633–641.

[32] Ishihara C, Imanishi H, Mitsui K. Index for wood bending shapes[J]. Mokuzai Gakkaishi, 2019, 65（4）: 235–242.

[33] 宋宇宏, 王逢瑚, 宋魁彦. 水曲柳木材弯曲工艺分析 [J]. 国际木业, 2002（10）: 13–15.

[34] 刘志佳. 实木弯曲工艺的研究 [D]. 北京: 北京林业大学, 2007.

[35] 允帅. 柚木弯曲工艺技术研究 [D]. 长沙: 中南林业科技大学, 2019.

[36] 李大纲, 刘一星. 木材微波加热弯曲工艺学原理 [M]. 哈尔滨: 东北林业大学出版社, 2004.

[37] Mascarenhas F J R, Dias A M P G, Christoforo A L. State of the art of microwave treatment of Wood: Literature Review[J]. Forests, 2021, 12（6）: 1–31.

[38] Norimoto M, Gril J. Wood bending using microwave heating [J]. Journal of Microwave Power and Electromagnetic Energy, 1989, 24（4）: 203–212.

[39] 姜凯文. 基于 PEG- 微波联合处理的红橡木材弯曲工艺研究 [D]. 哈尔滨: 东北林业大学, 2022.

[40] Studhalter B, Ozarska B, Siemon G. Temperature and moisture content behaviour in microwave heated wood prior to bending-mountain Ash（Eucalyptus regnans）[J]. European Journal of Wood and Wood Products, 2009, 67（2）: 237–239.

[41] Gašparík M, Barcík Š. Impact of plasticization by microwave heating on the total deformation of beech wood[J]. Bioresources, 2013, 8（4）: 6297–6308.

[42] Peres M L D, Delucis R D A, Gatto D A. Mechanical behavior of wood species softened by microwave heating prior to bending[J]. European Journal of Wood and Wood Products, 2016, 74（2）: 143–149.

[43] 李军. 微波加热软化木材的弯曲工艺研究 [J]. 林产工业, 1998（6）: 4–6.

[44] 王云龙, 王宪, 沈华杰, 等. 水热 – 微波处理木材软化效果模型构建 [J]. 轻工科技, 2019, 35（5）: 28–30.

[45] Wu Y, Zhu J G, Qi Q, et al. Research progress of solid wood bending softening technlogy[J]. Wood Research, 2022, 67（6）: 1056–1073.

[46] 李军. 氨水处理与微波加热联合软化木材的弯曲工艺 [J]. 南京林业大学学报, 1998（4）: 57–61.

[47] 王宪, 沈华杰, 王云龙, 等. 氨水和水热处理对人工林柚木弯曲化学特性影响 [J]. 轻工科技, 2019, 35（4）:

46-48.

[48] Zhang W G, Bao M Z, Sun W S, et al. Effect of ammonia fumigation treatment on wood color and chemical composition[J]. International Journal of Polymer Science, 2021(2021): 1-8.

[49] Stamm A J. Swelling of wood and fiberboards in liquid ammonia[J]. Forest Products Fournal, 1955, 5(12): 416-423.

[50] 苏茂尧, 由利丽, 高洸, 等. 液氨预处理对纤维素可及度和反应性的影响[J]. 纤维素科学与技术, 1998(3): 44-51.

[51] Yamashita D, Kimura S, Wada M, et al. Effect of ammonia treatment on white birch wood[J]. Holzforschung, 2017, 72(1): 31-36.

[52] Pawlak P, Pawlak A S. A Review of infrared spectra from wood and wood components following treatment with liquid ammonia and solvated electrons in liquid ammonia[J]. Applied Spectroscopy Reviews, 1997, 32(4): 349-383.

[53] Weigl M, Müller U, Wimmer R, et al. Ammonia vs. thermally modified timber-comparison of physical and mechanical properties[J]. European Journal of Wood and Wood Products, 2012, 70(1-3): 233-239.

[54] Stanciu, M D, Sova D, Savin A, et al. Physical and mechanical properties of ammonia-treated black locust wood[J]. Polymers, 2020, 12(2): 1-7.

[55] Mania P, Hartlieb K, Mruk G, et al. Selected properties of densified Hornbeam and Paulownia wood plasticised in ammonia solution[J]. Materials, 2022, 15(14): 1-9.

[56] Xu E G, Wang D, Lin L Y. Chemical structure and mechanical properties of wood cell walls treated with acid and alkali solution[J]. Forests, 2020, 11(1): 1-11.

[57] Ishikura Y, Abe K, Yano H. Bending properties and cell wall structure of alkali-treated wood[J]. Cellulose, 2010, 17(1): 47-55.

[58] 陈思禹, 薛振华, 刘金炜, 等. 碱处理对木材松弛性能的影响[J]. 西北林学院学报, 2018, 33(2): 193-197+202.

[59] Wu Y, Yang L C, Zhou J C, et al. Softened wood treated by deep eutectic solvents[J]. ACS Omega, 2020, 5(35): 22163-22170.

[60] 耿一豪. 家具弯曲构件的铵盐/蒸汽协同软化工艺研究[D]. 长沙: 中南林业科技大学, 2019.

[61] 沈华杰, 邱坚, 杨玉山, 等. 基于响应面法的氨复配碱液柚木软化工艺研究[J]. 西南林业大学学报(自然科学), 2020, 40(4): 151-156.

[62] Dömény J, Brabec M, Rousek R, et al. Effect of microwave and steam treatment on the thermo-hygro-plasticity of beech wood[J]. Bioresources, 2021, 16(4): 8338-8352.

[63] 王逢瑚. 木质材料流变学[M]. 哈尔滨: 东北林业大学出版社, 2005.

[64] Hoffmeyer P, Davidson R W. Mechano-sorptive creep mechanism of wood in compression and bending[J]. Wood Science and Technology, 1989, 23(3): 215-227.

[65] Guo F, Altaner C M. Molecular deformation of wood and cellulose studied by near infrared spectroscopy[J]. Carbohydrate Polymers, 2018(197): 1-8.

[66] Gaff M, Vokatý V, Babiak M, et al. Coefficient of wood bendability as a function of selected factors[J]. Construction and Building Materials, 2016(126): 632-640.

[67] 曹上秋. 木材的软化处理与弯曲技术[J]. 中国林业产业, 2006(2): 26-28.

[68] Takahashi A, Yamamoto N, Ooka Y, et al. Tensile examination and strength evaluation of latewood in

Japanese cedar[J]. Materials, 2022, 15(7): 1–15.

[69] Wang D, Lin L Y, Fu F. Deformation mechanisms of wood cell walls under tensile loading: a comparative study of compression wood (CW) and normal wood (NW)[J]. Cellulose, 2020, 27(8): 4161–4172.

[70] Kojima E, Yamasaki M, Imaeda K, et al. XRD investigation of mechanical properties of cellulose microfibrils in S1 and S3 layers of thermally modified wood under tensile loading[J]. Wood Science and Technology, 2021, 55(4): 955–969.

[71] Báder M, Németh R, Konnerth J. Micromechanical properties of longitudinally compressed wood[J]. European Journal of Wood and Wood Products, 2019, 77(3): 341–351.

[72] Báder M, Németh R. Moisture–dependent mechanical properties of longitudinally compressed wood[J]. European Journal of Wood and Wood Products, 2019, 77(6): 1009–1019.

[73] Báder M, Németh R, Sandak J, et al. FTIR analysis of chemical changes in wood induced by steaming and longitudinal compression[J]. Cellulose, 2020, 27(12): 6811–6829.

[74] 吴义强. 木材科学与技术研究新进展[J]. 中南林业科技大学学报，2021, 41(1): 1–28.

[75] Schwarzkopf M. Densified wood impregnated with phenol resin for reduced set–recovery[J]. Wood Material Science and Engineering, 2021, 16(1): 35–41.

[76] Lykidis C, Kotrotsiou K, Tsichlakis A. Reducing set–recovery of compressively densified poplar wood by impregnation–modification with melamine–formaldehyde resin[J]. Wood Material Science and Engineering. 2020, 15(5): 269–277.

[77] Pfriem A, Dietrich T, Buchelt B. Furfuryl alcohol impregnation for improved plasticization and fixation during the densification of wood[J]. Holzforschung, 2012, 66(2): 215–218.

[78] Tenorio C, Moya R. Starbird–Perez R. Effect of steaming and furfuryl alcohol impregnation pre–treatments on the spring back, set recovery and thermal degradation of densified wood of three tropical hardwood species[J]. European Journal of Wood and Wood Products, 2023, 81(2): 467–480.

[79] Hill C, Altgen M, Rautkari, L. Thermal modification of wood–a review: chemical changes and hygroscopicity[J]. Journal of Materials Science, 2021, 56(11): 6581–6614.

[80] 黄荣凤, 高志强, 吕建雄. 木材湿热软化压缩技术及其机制研究进展[J]. 林业科学，2018, 54(1): 154–161.

[81] Norimoto M, Ota C, Akitsu H, et al. Permanent fixation of bending deformation in wood by heat treatment[J]. Wood Research, 1993(79): 23–33.

[82] Laine K, Segerholm K, Wålinder M, et al. Wood densification and thermal modification: hardness, set–recovery and micromorphology[J]. Wood Science and Technology, 2016, 50(5): 883–894.

[83] Xiao S L, Chen C J, Xia Q Q, et al. Lightweight, strong, moldable wood via cell wall engineering as a sustainable structural material[J]. Science, 2021, 374(6566): 465–471.

[84] Inoue M, Norimoto M, Tanahashi M, et al. Steam or heat fixation of compressed wood[J]. Wood and Fiber Science, 1993, 25(3): 224–235.

[85] Ito Y, Tanahashi M, Shigematsu M, et al. Compressive–molding of wood by high–pressure steam–treatment: part 1. development of compressively molded squares from thinnings[J]. Holzforschung, 1998, 52(2): 211–216.

[86] Chen S, Obataya E, Matsuo–Ueda M. Shape fixation of compressed wood by steaming: a mechanism of shape fixation by rearrangement of crystalline cellulose[J]. Wood Science and Technology, 2018, 52(5):

1229-1241.

[87] Higashihara T, Morooka T, Hirosawa S, et al . Relationship between changes in chemical components and permanent fixation of compressed wood by steaming or heating[J]. Mokuzai Gakkaishi. 2004, 50(3): 159-167.

[88] Sobulska M, Wawrzyniak P, Woo M W. Superheated steam spray drying as an energy-saving drying technique: a review [J]. Energies, 2022, 15(22): 1-22.

[89] 王勇, 刘颖, 贺霞, 等 . 木材过热蒸汽干燥技术发展 [J]. 中国人造板, 2021, 28(4): 11-14.

[90] Xiang E L, Feng S H, Yang S M, et al. Sandwich compression of wood: effect of superheated steam treatment on sandwich compression fixation and its mechanisms [J]. Wood Science and Technology, 2020, 54(6): 1529-1549.

[91] Gao Z Q, Huang R F. Effects of pressurized superheated steam treatment on dimensional stability and its mechanisms in surface-compressed wood[J]. Forests, 2022, 13(8): 1-14.

[92] 柳万千 . 木制品结构强度 [M]. 哈尔滨 : 东北林业大学出版社, 1994.

[93] Smardzewski J. Numerical analysis of furniture constructions [J]. Wood Science and Technology, 1998, 32(4): 273-286.

[94] Smardzewski J. Strength of profile-adhesive joints[J]. Wood Science and Technology, 2002, 36(2): 173-183.

[95] Smardzewski J. Effect of wood species and glue type on contact stresses in a mortise and tenon joint[J]. Proceedings of the Institution of Mechanical Engineers, Part C, 2008, 222(12): 2293-2299.

[96] Tannert T, Lam F. Self-tapping screws as reinforcement for rounded dovetail connections[J]. Structural Control and Health Monitoring, 2009, 16(3): 374-384.

[97] Dalvand M, Ebrahimi G, Haftkhani A R, et al. Analysis of factors affecting diagonal tension and compression capacity of corner joints in furniture frames fabricated with dovetail key[J]. Journal of Forestry Research, 2013, 24(1): 155-168.

[98] Derikvand M, Ebrahimi G. Finite element analysis of stress and strain distributions in mortise and loose tenon furniture joints[J]. Journal of Forestry Research, 2014, 25(3): 677-681.

[99] Tannert T. Improved performance of reinforced rounded dovetail joints[J]. Construction and Building Materials, 2016(118): 262-267.

[100] Kamboj G, Gaff M, Smardzewski J. et al. Numerical and experimental investigation on the elastic stiffness of glued dovetail joints[J]. Construction and Building Materials, 2020(263): 1-12.

[101] Segovia C, Pizzi A. Performance of dowel-welded wood furniture linear joints[J]. Journal of Adhesion Science and Technology, 2009, 23(9): 1293-1301.

[102] Belleville B, Stevanovic T, Pizzi A, et al. Determination of optimal wood-dowel welding parameters for two North American hardwood species[J]. Journal of Adhesion Science and Technology, 2013, 27(5): 566-576.

[103] Shukla S, Kumar S, Shukla K K. Adhesive-free wooden tongue-groove joints: use of high-speed rotational wood welding[J]. Journal of the Indian Academy of Wood Science, 2022, 19(1): 40-43.

[104] 柳万千等 . 家具力学 [M]. 哈尔滨 : 东北林业大学出版社, 1993.

[105] 卡尔·艾克曼 . 家具结构设计 [M]. 林作新, 李黎, 等译 . 北京 : 中国林业出版社, 2008.

[106] 孙德林 . 家具结构设计 [M]. 北京 : 中国轻工业出版社, 2020.

[107] Ke Q, Lin L, Zhang F, et al. Optimization of L–shaped corner dowel joint in Pine using finite element analysis with Taguchi Method[J]. Wood Research, 2016, 61(2): 243–254.

[108] Chen Y S, Wu Z S. Study on structure optimization design of modified wood furniture tenon structure based on the finite element analysis of ANSYS[J]. Journal of Intelligent and Fuzzy Systems, 2018, 34(2): 913–922.

[109] 王笑辉, 关惠元, 黄琼涛. 胶合弯曲与实木构件圆榫接合最佳配合量研究 [J]. 家具与室内装饰, 2018(5): 127–128.

[110] 胡文刚, 关惠元. 基于摩擦特性的榫接合节点抗拔力研究 [J]. 林业工程学报, 2017, 2(4): 158–162.

[111] 胡文刚, 关惠元. 有限元法在实木榫接合家具结构设计中的应用 [J]. 世界林业研究, 2020, 33(5): 65–69.

[112] 胡文刚, 关惠元. 不同应力状态下榉木弹性常数的研究 [J]. 林业工程学报, 2017, 2(6): 31–36.

[113] Hu W G, Fu W L, Guan H Y. Optimal design of stretchers positions of mortise and tenon joint chair[J]. Wood Research, 2018, 63(3): 505–516.

[114] Hu W G, Guan H Y, Zhang J Z. Finite element analysis of tensile load resistance of mortise–and–tenon joints considering tenon fit effects[J]. Wood and Fiber Science, 2018, 50(2): 121–131.

[115] Hu W G, Liu N, Guan H Y. Experimental and numerical study on methods of testing withdrawal resistance of mortise–and–tenon joint for wood products[J]. Forests, 2020, 11(3): 1–9.

[116] Hu W G, Liu N. Numerical and optimal study on bending moment capacity and stiffness of mortise–and–tenon joint for wood products[J]. Forests, 2020, 11(5): 1–12.

[117] Hu W G, Chen B R, Zhang T X. Experimental and numerical studies on mechanical behaviors of beech wood under compressive and tensile states[J]. Wood Research, 2021, 66(1): 27–38.

[118] Hu W G, Chen B R. A methodology for optimizing tenon geometry dimensions of mortise–and–tenon joint wood products[J]. Forests, 2021, 12(4): 1–12.

[119] Hao J X, Xu L, Wu X F, et al. Analysis and modeling of the dowel connection in wood T type joint for optimal performance[J]. Composite Structures, 2020(253): 1–11.

[120] Chen B R, Guan H Y. A novel method and validation for obtaining the optimal interference fit of round–end mortise–and–tenon joint[J]. Wood Material Science and Engineering, 2023, 18(5):1619–1629.

[121] 金秀, 郝景新, 吴新凤, 等. 实木家具的拆装式结构实现路径探究 [J]. 林产工业, 2020, 57(1): 54–57.

[122] 李爽, 徐伟. 可拆装椅凳类家具设计与应用研究 [J]. 家具与室内装饰, 2020(10): 80–81.

[123] 陈炳睿, 胡文刚. 一种可拆装式椭圆榫节点的设计与性能分析 [J]. 木材科学与技术, 2022, 36(2): 65–70+86.

[124] Ayarkwa J, Owusu F W, Appiah J K. Steam bending qualities of eight timber species of Ghana[J]. Ghana Journal of Forestry, 2011, 27(2): 11–22.

[125] Zheng A Q, Jiang L Q, Zhao Z L, et al. Effect of hydrothermal treatment on chemical structure and pyrolysis behavior of eucalyptus wood[J]. Energy and Fuels, 2016, 30(4): 3057–3065.

[126] Weigl-Kuska M, Pöckl J, Grabner M. Selected properties of gas phase ammonia treated wood[J]. European Journal of Wood and Wood Products, 2009, 67(1): 103–109.

[127] Čermák P, Dejmal A. The effect of heat and ammonia treatment on colour response of oak wood (Quercus robur) and comparison of some physical and mechanical properties[J]. Maderas: Ciencia y Tecnologia, 2013, 15(3): 375–389.

[128] Kolya H, Kang C W. Effective changes in softwood cell walls, gas permeability and sound absorption capability of Larix kaempferi（larch）by steam explosion[J]. Wood Material Science and Engineering, 2022, 17（6）: 627–635.

[129] Xue Z H, Xie Y H, Zhu H Z. The effect of alkali treatment on wood crystalline structure and micro-structural model[J]. Applied Mechanics and Materials, 2013（423–426）: 1339–1343.

[130] Meng Y J, Wang S Q, Cai Z Y, et al. A novel sample preparation method to avoid influence of embedding medium during nano–indentation[J]. Applied Physics A, 2013, 110（2）: 361–369.

[131] 窦强 . 高分子材料 [M]. 北京：科学出版社, 2021.

[132] 邢东 . 生物质燃气热处理木材品质与微观力学性能研究 [D]. 哈尔滨：东北林业大学, 2016.

[133] Xue J, Xu W, Zhou J C, et al. Effects of high–temperature heat treatment modification by impregnation on physical and mechanical properties of poplar[J]. Materials, 2022, 15（20）: 1–19.

[134] 蔡绍祥, 王新洲, 李延军 . 高温水热处理对马尾松木材尺寸稳定性和材色的影响 [J]. 西南林业大学学报（自然科学）, 2019, 39（1）: 160–165.

[135] Lengowski E C, Júnior E A B, Nisgoski S, et al. Properties of thermally modified teakwood[J]. Maderas: Ciencia y Tecnologia, 2021, 23（1）: 1–16.

[136] Cao R, Marttila J, Möttönen V, et al. Mechanical properties and water resistance of vietnamese acacia and rubberwood after thermo–hygro–mechanical modification[J]. European Journal of Wood and wood Products, 2020, 78（5）: 841–848.

[137] Patcharawijit A, Yamsaengsung R, Choodum N. Superheated steam treatment of rubberwood to enhance its mechanical, physiochemical, and biological properties[J]. Wood Material Science and Engineering, 2020, 15（5）: 261–268.

[138] Wu Y, Wu X Y, Yang F, et al. Effect of thermal modification on the nano–mechanical properties of the wood cell wall and waterborne polyacrylic coating[J]. Forests, 2020, 11（2）: 1–13.

[139] Kasemsiri P, Hiziroglu S, Rimdusit S. Characterization of heat treated eastern redcedar（Juniperus virginiana L）[J]. Journal of Materials Processing Technology, 2012, 212（6）: 1324–1330.

[140] Nomura S, Kugo Y, Erata T. ^{13}C NMR and XRD studies on the enhancement of cellulose II crystallinity with low concentration NaOH post–treatments[J]. Cellulose, 2020, 27（7）: 3553–3563.

[141] Herrera–Builes J F, Sepúlveda–Villarroel V, Osorio J A, et al. Effect of thermal modification treatment on some physical and mechanical properties of pinus oocarpa wood[J]. Forests, 2021, 12（2）: 1–9.

[142] Wentzel M, Rolleri A, Pesenti H, et al. Chemical analysis and cellulose crystallinity of thermally modified eucalyptus nitens wood from open and closed reactor systems using FTIR and X–ray crystallography[J]. European Journal of Wood and Wood Products, 2019, 77（4）: 517–525.

[143] 杨广荣, 钮越, 杨华珍, 等 . 竹木复合材料胶合界面的研究进展 [J]. 西北林学院学报, 2021, 36（3）: 244–251.

[144] 王张恒 . 面向卫浴家具的疏水木材研究 [D]. 长沙：中南林业科技大学, 2019.

[145] Liu H L, Shang J, Kamke F A, et al. Bonding performance and mechanism of thermal–hydro–mechanical modified veneer[J]. Wood Science and Technology，2018, 52（2）: 343–363.

[146] 秦理哲 . 木材胶合界面的微纳结构对其力学性能的影响机制 [D]. 北京：中国林业科学研究院, 2017.

[147] Wang D, Fu F, Lin L Y. Molecular–level characterization of changes in the mechanical properties of wood in response to thermal treatment[J]. Cellulose, 2022, 29（6）: 3131–3142.

[148] Wu Z G, Deng X, Li L F, et al. Effects of Heat Treatment on Interfacial Properties of Pinus Massoniana Wood[J]. Coatings, 2021, 11(5): 1–12.

[149] 陈暑冰,佟晓超,昌文芳,等. 不同国家和地区胶合木标准对比与分析 [J]. 林产工业, 2021, 58(1): 48–53.

[150] 李俊,孙正军. 毛竹各向异性和径向梯度变异对拉伸剪切强度的影响 [J]. 中南林业科技大学学报, 2013, 33(5): 120–123.

[151] 岳孔,章瑞,卢晓宁,等. 速生杨木改性材力学及胶合性能的研究 [J]. 中南林业科技大学学报, 2009, 29(6): 93–97.

[152] Segal L, Creely J J, Martin A E, et al. An empirical method for estimating the degree of crystallinity of native cellulose using the x–ray diffractometer[J]. Textile Research Journal, 1959, 29(10): 786–794.

[153] Yildiz S, Gümüşkaya E. The effects of thermal modification on crystalline structure of cellulose in soft and hardwood[J]. Building and Environment, 2007, 42(1): 62–67.

[154] Esteves B, Graça J, Pereira H. Extractive composition and summative chemical analysis of themally treated eucalypt wood[J]. Holzforschung, 2008, 62(3): 344–351.

[155] Wang J W, Minami E, Asmadi M, et al. Thermal degradation of hemicellulose and cellulose in ball–milled cedar and beech wood[J]. Journal of Wood Science, 2021, 7(61): 1–14.

[156] 张静. 热处理杉木的物理力学性能与热降解特性研究 [D]. 北京:北京林业大学, 2021.

[157] Kačíková D, Kubovský I, Ulbriková I, et al. The impact of thermal treatment on structural changes of teak and Iroko wood lignins[J]. Applied Sciences, 2020, 14(14): 1–12.

[158] Lourenço A, Araújo S, Gominho J, et al. Structural changes in lignin of thermally treated eucalyptus wood[J]. Journal of Wood Chemistry and Technology,2020, 40(4): 258–268.

[159] 戚红晨. 人工林赤桉木材抽提物特性与胶合微扰机理研究 [D]. 长沙:中南林业科技大学, 2011.

[160] Xiang E L, Huang R F, Yang S M. Change in micromechanical behavior of surface densified wood cell walls in response to superheated steam treatment[J]. Forests, 2021, 12(6): 1–13.

[161] Lennart S. On the organization of hemicelluloses in the wood cell wall[J]. Cellulose, 2022, 29(3): 1349–1355.

[162] Li M Y, Cheng S C, Li D, et al. Structural characterization of steam–heat treated Tectona grandis wood analyzed by FT–IR and 2D–IR correlation spectroscopy[J]. Chinese Chemical Letters, 2015, 26(2): 221–225.

[163] Lang Q, Bi Z, Pu J W. Poplar wood–methylol urea composites prepared by in situ polymerization.Ⅱ. Characterization of the mechanism of wood modification by methylol urea[J]. Journal of Applied Polymer Science, 2015, 132(41): 1–8.

[164] Kačíková D, Kubovský I, Gaff M, et al. Changes of meranti, padauk, and merbau wood lignin during the thermowood process[J]. Ploymers, 2021, 13(7): 1–15.

[165] 李萍,吴义强,吕建雄,等. XPS 和 FTIR 分析仿生呼吸法对硅酸盐改性杉木浸渍效果的影响 [J]. 光谱学与光谱分析, 2021, 41(5): 1430–1435.

[166] Kong L Z, Guan H, Wang X Q. In situ polymerization of furfuryl alcohol with ammonium dihydrogen phosphate in poplar wood for improved dimensional stability and flame retardancy[J]. ACS Sustainable Chemistry and Engineering, 2018, 6(3): 3349–3357.

[167] Kostryukov S G, Petrov P S, Tezikova V S, et al. Determination of wood composition using solid–state

^{13}C NMR spectroscopy[J]. Cellulose Chemistry Technology, 2021, 55 (5–6): 461–468.

[168] Melkior T, Jacob S, Gerbaud G, et al. NMR analysis of the transformation of wood constituents by torrefaction[J]. Fuel, 2012, 92 (1): 271–280.

[169] Martha R, Mubarok M, Batubara I, et al. Effect of furfurylation treatment on technological properties of short rotation teak wood[J]. Journal of Materials Research and Technology, 2022 (12): 1689–1699.

[170] 王喆. 真空热处理落叶松材性变化规律及其机理研究 [D]. 北京: 中国林业科学研究院, 2017.

[171] Kumar A, Richter J, Tywoniak J, et al. Surface modification of Norway Spruce wood by octadecyltrichlorosilane (OTS) nanosol by dipping and water vapour diffusion properties of the OTS–modified wood[J]. Holzforschung, 2017, 72 (1): 45–56.

[172] Wei Y N, Huang Y X, Yu Y L, et al. The surface chemical constituent analysis of poplar fibrosis veneers during heat treatment[J]. Journal of Wood Science, 2018, 64 (5): 485–500.

[173] Laskowska A, Sobczak J W. Surface chemical composition and roughness as factors affecting the wettability of thermo–mechanically modified oak (Quercus robur L.)[J]. Holzforschung, 2018, 72 (11): 993–1000.

[174] Huang Y G, Li G Y, Chu F X. Modification of wood cell wall with water–soluble vinyl monomer to improve dimensional stability and its mechanism[J]. Wood Science and Technology, 2019, 53 (5): 1051–1060.

[175] 肖飞, 吴义强, 左迎峰, 等. 竹单板 / 泡沫铝复合材料的制备及胶合性能评估 [J]. 林业工程学报, 2021, 6 (3): 35–40.

[176] 李坚. 木材波普学 [M]. 北京: 科学出版社, 2020.

[177] Bhuiyan M T, Hirai N, Sobue N. Changes of crystallinity in wood cellulose by heat treatment under dried and moist conditions[J]. Journal of Wood Science, 2000, 46 (12): 431–436.

[178] Akgül M, Gümüşkaya E, Korkut S. Crystalline structure of heat–treated Scots pine [Pinus sylvestris L.] and Uludağ fir [Abies nordmanniana (Stev.) subsp. bornmuelleriana (Mattf.)] wood[J]. Wood Science and Technology, 2007, 41 (3): 281–289.

[179] 干东. 顺纹拉伸和弯曲作用下的木材破坏机理研究 [D]. 南京: 南京林业大学, 2020.

[180] 罗海. 速生杉木阻燃与弯曲异型研究 [D]. 南京: 南京林业大学, 2012.

[181] Guo H Z, Özparpucu M, Windeisen–Holzhauser M. et al. Struvite mineralized wood as sustainable building material: mechanical and combustion behavios[J]. ACS Sustainable Chemistry and Engineering, 2020, 8 (28): 10402–10412.

[182] Thybring E E, Fredriksson M. Wood modification as a tool to understand moisture in wood[J]. Forests, 2021, 12 (3): 1–18.

[183] Pelaez–Samaniego M R, Yadama V, Lowell E. et al. A review of wood thermal pretreatments to improve wood composite properties[J]. Wood Science and Technology, 2013, 47 (6): 1285–1319.

[184] 任宁. 木材微观构造对受载断裂的影响方式研究 [D]. 哈尔滨: 东北林业大学, 2007.

[185] 朱越骅. 中山杉木材宏观与微观特征及湿热形变机理 [D]. 南京: 南京林业大学, 2020.

[186] 马尔妮, 赵广杰. 木材物理学专论 [M]. 北京: 中国林业出版社, 2012.

[187] 邱竑韫. 国产柚木和欧洲橡木的抽提物成分对其变色影响的研究 [D]. 北京: 中国林业科学研究院, 2020.

[188] 王东, 林兰英, 傅峰. 木材多尺度结构差异对其破坏影响的研究进展 [J]. 林业科学, 2020, 56 (8): 141–

147.

[189] 李善明,邢雪峰,林兰英,等 . 高能微波预处理辐射松木材的弯曲性能研究 [J]. 木材工业,2020,34(5):1-6.

[190] 张娅梅,潘彪,王丰 . 马尾松木材径向与弦向抗弯性能及破坏特征的比较研究 [J]. 林产工业,2017,44(3):26-29+39.

[191] Wang X Z, Huang Y Q, Lv C L, et al. Multi-scale investigation of the mechanical properties of Loblolly pine wood at elevated temperature[J]. Wood Material Science and Engineering, 2023, 18(2):517-524.

[192] Milch J, Tippner J, Sebera V. et al. Determination of the elasto-plastic material characteristics of Norway spruce and European beech wood by experimental and numerical analyses[J]. Holzforschung, 2016, 70(11):1081-1092.

[193] 刘建辉,柏亚双,王兴宇,等 . 木材非线性本构模型研究进展 [J]. 木材科学与技术,2023,37(1):18-24+32.

[194] 姜绍飞,乔泽惠,吴铭昊,等 . 考虑环境与荷载长期共同作用的木材本构模型研究 [J]. 建筑结构学报,2021,42(8):160-168.

[195] 周长东,杨礼赣,阿斯哈 . 拉压区复合加固木梁抗弯性能试验研究 [J]. 土木工程学报,2020,53(11):55-63.

[196] 潘毅,张启,王晓玥,等 . 古建筑木结构燕尾榫节点力学模型研究 [J]. 建筑结构学报,2021,42(8):151-159.

[197] 周华樟,祝恩淳,周广春 . 胶合木曲梁横纹应力及开裂研究 [J]. 建筑材料学报,2013,16(5):913-918.

[198] 邢雪峰,李善明,金菊婉,等 . 高能微波处理辐射松木材的抗弯力学性能与损伤演化特征 [J]. 北京林业大学学报,2022,44(8):107-116.

[199] 邵劲松,薛伟辰,刘伟庆,等 . FRP 加固木梁受弯承载力计算 [J]. 建筑材料学报,2012,15(4):533-537.

[200] 杨会峰,刘伟庆 . FRP 增强胶合木梁的受弯性能研究 [J]. 建筑结构学报,2007(1):64-71.

[201] 贾彬,刘顺丰,程袁华,等 . FRP 加固木梁受弯承载力与挠度研究 [J]. 浙江工业大学学报,2014,42(3):316-321.

[202] 邵文凯,阮杰昌,王晓平,等 . 微积分 [M]. 重庆:重庆大学出版社,2015.

[203] 刘鸿文,林建兴,曹曼玲 . 简明材料力学 [M]. 北京:高等教育出版社,2016.

[204] 张利朋,谢启芳,吴亚杰,等 . 木材本构模型研究进展 [J/OL]. 建筑结构学报,2023(5):286-304.

[205] Valipour H, Khorsandnia N, Crews K, et al. A simple strategy for constitutive modelling of timber[J]. Construction and Building Materials, 2014(53):138-148.

[206] 王明谦,顾祥林,宋晓滨,等 . 木材非线性受力行为的表征方法研究进展 [J]. 建筑结构学报,2021,42(10):76-86.

[207] Zhou Q S, Fu F Y, Li W, et al. Longitudinal compression constitutive model of original bamboo and buckling simulation of bamboo column[J], Wood Material Science and Engineering, 2023, 18(3):910-918.

[208] 邵亚丽,王喜明 . 木材形状记忆效应与机理研究进展 [J]. 材料导报,2021,35(7):7190-7198.

[209] Zhang W H, Zhou J C, Cao Z J, et al. In situ construction of thermotropic shape memory polymer in wood for enhancing its dimensional stability[J], Polymers, 2022, 14(4):1-15.

[210] 高建民 . 木材干燥学 [M]. 北京:科学出版社,2008.

[211] 郭明辉,孙伟伦 . 木材干燥与炭化技术 [M]. 北京:化学工业出版社,2017.

[212] Li J, Liang Q C, Bennamoun L. Superheated steam drying: design aspects, energetic performances, and mathematical modeling[J]. Renewable and Sustainable Energy Reviews, 2016(60): 1562–1583.

[213] Cheng W, Morooka T, Liu Y, et al. Shrinkage stress of wood during drying under superheated steam above 100°C[J]. Holzforschung, 2004, 58(4): 423–427.

[214] 王喜明. 木材皱缩 [M]. 北京：中国林业出版社，2003.

[215] 黄荣凤. 木材塑性变形的湿热固定技术及机理研究进展 [J]. 林业科学，2022(2): 206–216.

[216] 韦妍蔷. 速生杨木过热蒸汽干燥特性研究 [D]. 长沙：中南林业科技大学，2019.

[217] 李阿强. 高压密实化处理对杨木形变特性的影响研究 [D]. 杭州：浙江大学，2021.

[218] Awais M, Altgen M, Belt T, et al. Wood–water relations affected by anhydride and formaldehyde modification of wood[J]. ACS Omega, 2022, 7(46): 42199–42207.

[219] 赵广杰，马尔妮. 木材化学流变学基础与应用 [M]. 北京：科学出版社，2013.

[220] 江京辉. 过热蒸汽处理柞木性质变化规律及机理研究 [D]. 北京：中国林业科学研究院，2013.

[221] 程亚飞. 热处理西加云杉音板用材性能研究 [J]. 木材科学与技术，2022, 36(4): 57–59.

[222] 吴世谦. 高温热处理对栓皮栎软木特性的影响研究 [D]. 咸阳：西北农林科技大学，2019.

[223] 吕建雄，蒋佳荔. 木材动态黏弹性基础研究 [M]. 北京：科学出版社，2016.

[224] 李丽丽，王喜明，邬飞宇. 强化木材的制备及其形变固定机理 [M]. 北京：中国林业出版社，2020.

[225] 王喆，孙柏玲，刘君良，等. 真空热处理落叶松木材动态粘弹性的研究 [J]. 木材加工机械，2016, 27(5): 25–28.

[226] 方海. 现代家具设计流变 [M]. 桂林：广西师范大学出版社. 2022.

[227] 胡文刚. 实木家具榫接合力学特性及结构设计优化方法研究 [D]. 南京：南京林业大学，2019.

[228] 陈新义. 梓木构件"T"型、"L"型节点双圆榫接合性能研究 [D]. 长沙：中南林业科技大学，2013.

[229] 何风梅. 基于 ANSYS 的板式家具结构强度分析与优化设计研究 [D]. 哈尔滨：东北林业大学，2008.

[230] 董广斌. 家具榫结构参数化有限元分析、优化及数控加工 [D]. 南京：南京林业大学，2010.

[231] 吕泽军. 基于高含水率指接重组木研究及其曲线形家具构件的工艺设计 [D]. 杭州：浙江农林大学，2018.

[232] 孙斌宾，杜鹤民. 基于意象尺度的新中式扶手椅的风格认知 [J]. 林业工程学报，2022, 7(5): 190–196.

[233] 贾天宇. 明式椅类家具审美及造型设计评价方法研究 [D]. 哈尔滨：东北林业大学，2018.

[234] 牛晓霆，赵圆. 明清家具靠背板装饰的匠意及传承创新研究 [J]. 家具与室内装饰，2022, 29(1): 18–22.

[235] 景楠. 设计原理传承视域下的中国现代家具研究 [D]. 无锡：江南大学，2015.

[236] 许敏. 明清圈椅类家具形态与装饰研究 [D]. 哈尔滨：东北林业大学，2017.

[237] 王世襄. 明式家具研究 [M]. 上海：生活·读书·新知三联书店，2020.

[238] 李琼. 传统圈椅的设计特征及其当代传承与创新研究 [D]. 南京：南京林业大学，2018.

[239] 王丽宇，鹿振友，申世杰. 白桦材 12 个弹性常数的研究 [J]. 北京林业大学学报，2003(6): 64–67.

[240] 张帆. 基于有限元法的实木框架式家具结构力学研究 [D]. 北京：北京林业大学，2012.

[241] 丁涛. 压力蒸汽热处理对木材性能的影响及其机理 [D]. 南京：南京林业大学，2010.

[242] Ruggiero A, Amato R, Affatato S. Comparison of Meshing Strategies in THR Finite Element Modelling[J]. Materials, 2019, 12(14): 1–11.

[243] 胡文秀，刘永旭，吴豪豪，等. 基于 Ansys Workbench 的手动轮椅车提升机构仿真分析 [J]. 佳木斯大学学报（自然科学版），2022, 40(5): 78–80+135.

[244] 李萍. 硅酸盐改性杉木机理及改性材在家具应用中的研究 [D]. 长沙：中南林业科技大学，2020.

[245] 牛晓霆,李学书.有限元法在实木家具性能分析中的应用研究综述[J].家具与室内装饰,2021(3):46-48.

[246] 中国轻工业联合会.家具力学性能试验　第3部分:椅凳类强度和耐久性:GB/T 10357.3—2013[S].北京:中国标准出版社,2013.

[247] 付杨.基于中式坐椅的现代坐具系统研究[D].广州:广东工业大学,2017.

[248] 刘雨璐.基于竹展平集成材的折叠式桌椅类家具设计研究[D].长沙:中南林业科技大学,2021.

[249] 徐卓.基于有限元法的实木椅类家具结构强度测定与设计[D].北京:北京林业大学,2011.

[250] 张月.室内人体工程学[M].北京:中国建筑工业出版社,2021.

[251] Sun W Q, Cheng W. Finite element model updating of honeycomb sandwich plates using a response surface model and global optimization technique[J]. Structural and Multidisciplinary Optimization, 2017, 55(1): 121-139.

[252] Shi J Q, Qi J W, Wang Y Q, et al. Analysis and optimization of M-shaped boom based on response surface method[J]. Polymer Composites, 2022, 43(7): 4327-4338.

[253] 刘笑天,蒋超奇,江丙云,等.ANSYS Workbench有限元分析工程实例详解[M].北京:中国铁道出版社,2017.

[254] 梁梦娇,刘岩松,耿晓杰.中国传统榫卯结构在现代家具中的创新应用研究[J].家具与室内装饰,2021(11):14-17.

[255] 柯清,陈绍禹,杨诺,等.松木L型构件整体式单榫稳健优化设计研究[J].林产工业,2016,43(3):19-23.